材 料 学 实 验

（无机非金属材料专业）

张皖菊　谭　杰　主编

合肥工业大学出版社

图书在版编目(CIP)数据

材料学实验/张皖菊，谭杰主编．—合肥：合肥工业大学出版社，2012.12(2014.7重印)
无机非金属材料专业
ISBN 978-7-5650-1037-8

Ⅰ.材… Ⅱ.①张…②谭… Ⅲ.①材料科学—实验—高等学校—教材
Ⅳ.①TB3-33

中国版本图书馆CIP数据核字(2012)第299744号

材料学实验

张皖菊 谭 杰 主编　　　　责任编辑 权 怡

出 版	合肥工业大学出版社	版 次	2012年12月第1版
地 址	合肥市屯溪路193号	印 次	2014年7月第2次印刷
邮 编	230009	开 本	787毫米×1092毫米 1/16
电 话	总 编 室：0551-62903038	印 张	7.5
	市场营销部：0551-62903198	字 数	168千字
网 址	www.hfutpress.com.cn	印 刷	合肥现代印务有限公司
E-mail	hfutpress@163.com	发 行	全国新华书店

ISBN 978-7-5650-1037-8　　　　定价：15.00元

前　言

本书是为无机非金属工程专业学生开设的一门独立设课的专业实验教材，由学生所学理论课的课程实验整合而成。作为一门独立课程，较系统地介绍了本专业常用实验设备，仪器、仪表的构造，工作原理及使用方法；基本实验原理和实验方法；综合性、设计性实验项目的操作，旨在对学生加强专业基本技能训练、综合素质训练，巩固所学的专业课程知识，了解材料科学研究工作的一般方法和程序，培养学生综合运用这些技能进行分析问题和解决问题的能力。

本书在集结了前辈教师集体智慧结晶的基础上，由编者重新总结编写。全书内容分为三部分：无机非金属材料学部分（实验一～实验十），由谭杰、裴立宅、张伟编写；盐矿相部分（实验十一～实验十三），由廖直友编写。金属材料学部分（实验十一～实验二十），由张皖菊编写。热工学实验部分（实验二十一～实验二十三），由许诗双编写。内容涵盖《金属材料学》、《无机非金属材料学》、《热工基础》、《盐矿相学》、《金属力学性能》等课程的实验，共编入 23 个实验，附录 3 篇。全书由张皖菊、谭杰负责统编。柳东明老师也对无机材料学部分实验修改提出宝贵意见，在此深表感谢。书中配有众多实验设备、实验原理图表、金相照片等，供学生阅读时参考使用。

由于编写水平有限，书中有不妥不足之处，恳请批评指正。

编　者

2012 年 12 月 14 日

目　　录

实验一　黏土结构性质

黏土矿物的热重分析

一、实验目的

1. 了解用热重曲线分析、鉴定矿物的原理及应用方法，掌握实验方法。

2. 作黏土的热重曲线，分析其矿物组成。

二、实验原理

物质在加热或冷却的过程中除产生热效应外，往往还有重量的变化，其变化的大小及出现变化的温度与物质的化学组成和结构有密切的关系。热重分析法就是根据试样在加热过程中重量变化的特点，来区别和鉴定不同物质及其反应特性。利用热重分析还可以对有重量变化的固相反应的动力学过程进行研究。

以重量变化为纵坐标，温度或时间为横坐标作图，就得到热重曲线。

不同物质具有不同的热重曲线，未知物质的热重曲线与已知的标准曲线作比较分析，即可鉴定矿物的组成，对于复杂物质（如黏土）还需与其他的物理、化学分析方法相配合，才能得到可靠的结果。常见的分析方法有差热分析、X-射线分析、电子显微分析等。

本实验作黏土矿物的热重分析。黏土是重要的硅酸盐原料矿物，很多具有典型层状结构（高岭土、蒙脱石、伊利石等），其结构特点是：每个硅氧四面体通过三个桥氧相连，构成二维无限延伸的六节环状硅氧四面体层，与非桥氧配位的阳离子形成配位八面体，由于硅氧四面体是层状排列，其他阳离子的配位八面体也成层状排列。在层状硅酸盐结构中，水以不同的形式存在，有些是以水分子的形式吸附于矿物的表面、细微裂纹间、层间或以结晶水存在于矿物晶格中，有些是以离子（OH^-，H_3O^+）的形式存在于矿物结构中，但都是结构中不可缺少的部分。由于存在于黏土中的水的存在形式、含量及脱水温度不同，其失重曲线的形状也有所差异，由此可对其进行比较分析。

热重分析方法使用的仪器是热天平等称量仪器，可以采用变温称重或恒温称重两种方法来进行。

三、实验材料及设备

热重分析方法使用的仪器是热天平等称量仪器。它一般由程序升温控制与称重两个部分组成。如图1-1所示。

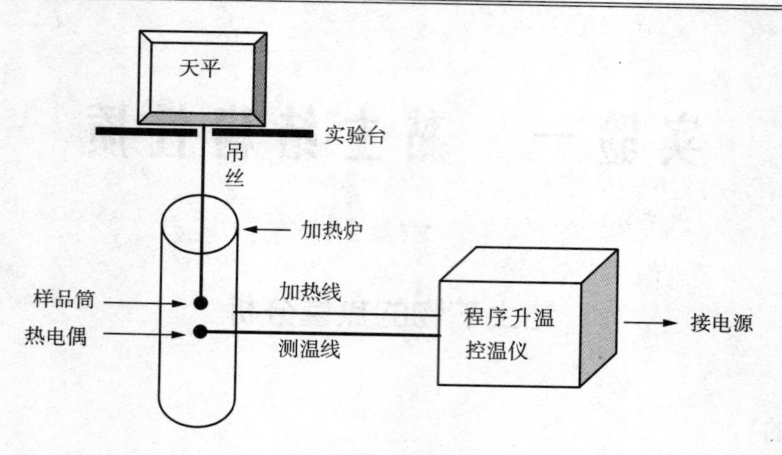

图 1-1　热重分析装置示意图

升温程序设定：按 PRN 键，连续按 SEL 键，PV 窗口显示段号，SV 窗口显示该段对应的起始点温度 T、加热时间 t、加热参数 U 和 F 这 4 个参数，直至时间 t 为 0 后循环显示（每一段的升温速率由该段 t、T 及下一段的 T 决定）；按上、下键可以调节其大小，U、F 为控制加热速率的参数；预设 U、F 值，设定完毕按 PRN 键退出设定，按 RUN 键运行，此时 PV 窗口显示热电偶实测温度，SV 窗口按程序设定变化。如仪表显示屏显示的按设定程序变化的温度与实测温度不一致时，可重新设定 U、F 大小使其一致。

四、实验内容与步骤

1. 将样品筒用小刷刷干净，挂于天平盘下，精确称出吊丝与小筒的总质量（勿使样品与炉壁相碰）。

2. 用天平粗称 0.3g 样品，放于样品筒中，精确称出吊丝、小筒与样品的总质量，并算出样品的净质量。

3. 盖好炉门（勿与吊丝相碰），仔细检查吊丝与小筒，在确定其未接触实验台炉壁、热电偶后，接通电源，按以下程序升温（室温～100℃，升温速率 7℃/min；100℃～800℃，升温速率 10℃/min），称重并记录数据。

当温度显示 50℃时，称重一次。以后每隔 50℃称重一次。在发生热效应的温度附近（有明显的重量变化），应缩小称重温度间隔（10℃或 5℃）。

4. 800℃时关闭天平，切断电源，实验结束。

黏土胶体的 ξ 电位的测定

一、实验目的

1. 观察并熟悉荷电胶粒的电泳现象。

2. 学会用电泳仪测定荷电胶粒的电泳速度并掌握其 ξ 电位的计算。

3. 了解电解质对 ξ 电位的影响。

二、实验原理

电泳是胶体体系在直流电场的作用下，胶体分散相在分散介质中做定向移动的电动现象。按照 Gouy-Chapman 提出并由 Stein 发展的扩散双电层模型，胶体分散相的电泳现象是由于胶体与液相接触时，在胶粒的周围形成连续扩散双电层，在扩散双电层的滑动面上相对均匀液相介质具有一个电位即 ξ 电位，胶核与均匀液相间的电位差是胶体的热力学电位 ψ。电解质对 ξ 电位的大小有影响，主要是因为它能改变胶体的扩散双电层厚度。其影响规律一般符合霍夫曼斯特顺序规则。由静电学原理，ξ 电位与电泳速度 υ 满足亥姆霍兹公式：$\xi=4\pi\eta\upsilon\times300^2/DE$。公式中，$D$ 为分散介质的介电常数；E 为电位梯度；η 为分散介质的黏度。

具有层状结构的黏土矿物，由于在形成过程中存在同晶取代、腐殖质的解离及边棱破键等原因而荷电，加上其结构特点是层间化学键较弱，易于以极细的片状颗粒存在，在水溶液中常常以溶胶和悬浮液的形式存在，具有二者的性质，这些性质与陶瓷制品的成型工艺有密切的关系。此外，水泥泥浆形成的早期也具有胶体的性质，它的流动性、可塑性及用水量直接影响施工的进度和质量，掌握胶体的结构性质对指导实际生产有重要的作用。

常见的测定胶体电泳速度的方法有两种，本实验根据情况采用其中的一种。

1. 用宏观电泳仪观察胶体界面的移动；
2. 用微观电泳仪在显微镜或计算机成像观察胶粒的移动。

三、实验材料及设备

1. 黏土等。
2. 电泳仪等(装置如图 1 - 2 所示)。

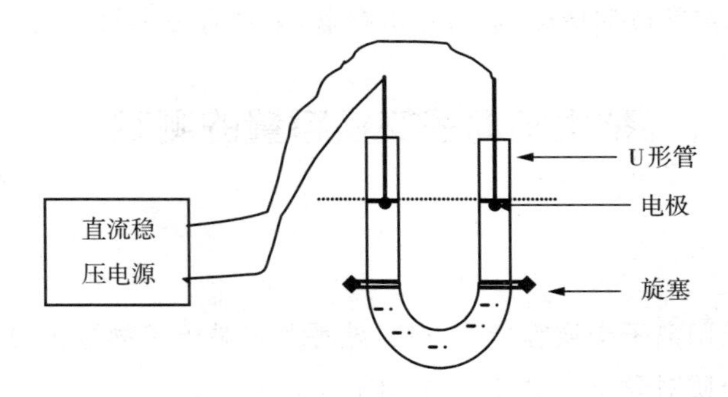

图 1 - 2　电泳仪装置示意图

四、实验内容与步骤

(一)宏观电泳仪测定 ξ 电位

1. 称取一定量的黏土，研磨后配制成胶体溶液，使其浓度的质量百分比为 0.2%。
2. 将此胶体溶液加入 U 形管，使液面超出两活塞，关闭活塞，倾出活塞上部的胶体溶液，用蒸馏水洗净活塞以上的管子。

3. 在活塞以上的管子注入辅助溶液至一定高度(胶液面上 4cm～5cm)，并使两端水平。

4. 插入铂电极，测出两铂电极之间距离。

5. 接好电路，确定正负极，将稳压器接上电源，1min 后再逐步升高电压至 120～150V。

6. 打开活塞，同时按下秒表，待泥浆液面上升到一定位置时，记录时间和相应的移动距离及界面移动方向(向正极或负极移动)。每次实验，记录多个距离、时间的对应数据。

7. 加入不同种类的电解质到胶体溶液中，经充分摇匀后，重复上述操作(U 形管两端各加 1 滴或 2 滴)。

(二)微观电泳仪测定 ξ 电位

1. 称取 1mg～2mg 高龄土粉，置于 100mL 小烧杯中，加入 50mL 蒸馏水，用超声波分散器分散 2min 作为待测液。

2. 电泳杯中注入少许待测液(约 1mL)，插入十字标，浸洗 2 次后取 0.5mL 待测液插入十字标，并小心放进测量槽。启动分析软件，并点按活动图像按钮，微调电泳仪调焦旋钮调整焦距并微调左右、上下旋钮，使计算机分析程序图像中能看到十字标。

3. 从测量槽中取出电极杯。将已用蒸馏水洗净的电极下端浸入待测液中搅拌浸洗后，接上电极线，并小心插入电极杯，放进测量槽预备测定。

4. 测定时选取分析软件的选项菜单中的连接项进行连接。连接成功后，按活动图像按钮，屏幕出现图像，接着点按启动按钮，可以观察到粒子在电场中来回移动。

5. 按“Q、A、Z、X”按钮调整取景框，使得上下、左右交叠部分有 3 个以上的粒子可供分析，此时点存盘按钮，等光标闪烁完后进行分析。

6. 进行分析时，点分析程序按钮会弹出分析窗口，选取分析窗口的开始按钮，出现 2 个时刻的粒子位置图及其叠加图，在上面两幅图上选取 3 组以上对应粒子，用鼠标在对应粒子的相同部位点击以标定其位移情况，最后点击存盘，记录有关参数及结果。

黏土阳离子交换容量的测定

一、实验目的

1. 掌握测定黏土阳离子交换容量的方法，熟悉鉴定黏土矿物组成的方法；

2. 进一步了解介质对黏土荷电性质的影响。

二、实验原理

分散在水溶液中的黏土胶粒带有电荷，进入层间平衡多余负电荷的阳离子一般是 Na^+ 或 Ca^+ 等水化阳离子，但它们在层间没有固定的位置，与结构单元的结合力很弱，可以被水化半径小、电价高、浓度大的阳离子交换，这种性质称为阳离子交换性质，可交换量的大小称为阳离子交换容量。黏土进行离子交换的能力(即交换容量)，随着黏土矿物的结构不同而异。所以测得离子交换容量，可以作为鉴定矿物组成的辅助方法。

测定离子交换容量的方法很多，本实验采用钡黏土法。首先，以 $BaCl_2$溶液冲洗黏土，使黏土变为钡土；再用已知浓度的稀 H_2SO_4置换出被黏土吸附的 Ba^{2+}，生成 $BaSO_4$沉淀；最后用已知浓度的 NaOH 溶液滴定过剩的稀 H_2SO_4，以 NaOH 的消耗量计算黏土的交换容量。不同结构黏土离子交换容量见表 1－1 所示。

表 1－1　不同结构黏土离子交换容量表

矿物	高岭土	蒙脱石	伊利石
阳离子交换容量	3～15	80～150	10～40

三、实验设备及材料

1. 离心试管、离心机、滴定管、锥形瓶、干燥小烧杯、分析天平、移液管。

2. 黏土试样、$BaCl_2$(0.5mol/L)、稀 H_2SO_4(0.025mol/L)、NaOH(0.05mol/L)、酚酞溶液。

四、实验内容与步骤

1. 分别称取 3 根干燥离心试管的准确重量 m_0，于每根离心试管中分别加入已粗称的黏土矿物(0.3g～0.5g)，并准确称其重量 m_1。对每根试管进行以下操作。

2. 加入 10mL$BaCl_2$溶液并充分搅动约 1min，然后离心分离，用倾泻法倾出上层纯清液，用滤纸小心地吸净试管口残留液体。如此重复操作 2 次，加蒸馏水洗涤 2 次。注意洗涤时要将沉淀搅拌分散开。

3. 试管与湿土样在分析天平中称量 m_2，算出湿度校正项 $L=m_2-m_1$。

4. 在称量后的土样中准确地加入 14mL(分两次加)稀 H_2SO_4，充分搅拌，放置数分钟，然后离心。注意离心后的上层酸液要保留。

5. 将 3 根离心试管离心后的上层酸液分别用倾泻法倾泻在对应的 3 只干燥小烧杯中，分别用移液管准确吸出 10mL 置于三个锥形瓶中，滴加数滴酚酞指示剂，用 NaOH 溶液进行滴定至摇动 30s 后红色不褪为止，记下 NaOH 溶液用量。

6. 吸取 10mL 未经交换的 H_2SO_4溶液，用相同的 NaOH 溶液进行滴定，记下 NaOH 用量。

五、实验报告要求

1. 绘制给定样品的热重曲线($\Delta m/m\sim T$ 曲线，其中 Δm 为样品质量变化量，m 为样品的净质量)。

2. 将所得到的曲线与高岭石族矿物失重曲线比较，作样品矿物组成分析，并说明曲线各不同温度区间的脱水形式(自由水、吸附水、结晶水、结构水)。

3. 求 ξ 电位或由测得的 ξ 电位求 μ。

$$\mu=\frac{S}{t\cdot H}$$

$$\xi=\frac{4\pi\eta\mu}{D}\delta$$

式中　S——界面移动距离(cm)；

t——与 S 对应的移动时间(s)；

H——平均电位梯度(V/cm)；

l——铂电极之间的距离；

μ——以 cm/s * V/cm 计；

δ——以 V 表示($\times 300^2$)；

D——液体的介电常数，水为 80；

η——液体的黏度，与测定温度有关(P°)。

4. 计算实验所用黏土的交换容量，三次测定结果按数值处理取平均。

$$W=\left[\frac{10\times 14\times 2C_H-(14+L)C_{OH}\times V_2}{10m}\right]\times 100$$

式中　W——黏土的交换容量；

C_H——H_2SO_4 的浓度；

C_{OH}——NaOH 的浓度；

V_2——滴定交换后剩余 H_2SO_4 所用的 NaOH 的量；

m——黏土试样的重量(m_1-m_0)；

L——湿土校正项(m_2-m_1)。

注意：纵横坐标的比例及大小范围；有效数字的取舍及单位。

六、实验问题与思考

1. 通过热重分析图，结合有关标准图谱(差热分析、X-射线衍射)说明黏土结构特点。
2. 说明影响热重分析曲线形状、ξ 电位、黏土阳离子交换容量结构因素有哪些。
3. 简要说明热分析技术的特点，并概述影响热重分析的非结构因素。
4. 分别说明影响电泳速度、ξ 电位的因素有哪些。
5. 阳离子交换一般的顺序规则是什么？实验中为何不直接将黏土交换成 H 土？
6. 用微观电泳仪测定 ξ 电位时，变换电极正负极性的作用是什么。
7. 说明在黏土阳离子交换实验中为什么要进行湿度校正。

实验二　MCO_3-SiO_2系统的固相反应动力学

一、实验目的

1. 通过实验了解固相反应机理，加深对材料烧结、烧成的理解；
2. 了解研究固相反应的方法。

二、实验原理

固态物质中的质点(分子、原子、离子)在受热激发、达到一定的能量后，可能离开其原来的位置产生质点的迁移。这一过程对单元系统来说就是烧结的开始；对于二元或多元系统，则意味着表面相接触的不同物质间有新相的产生，即固相反应的开始。

固相反应全部过程一般可分为扩散过程、反应过程与晶核形成过程三个部分。反应由进行的最慢的过程控制。许多固相反应是由扩散过程控制的，在这种情况下，等温固相反应动力学有以下三种可能：

1. 产物层阻碍扩散作用，反应速度与产物层的形成速度成反比；
2. 产物层不影响扩散，反应速度与产物层的形成速度无关；
3. 产物层促进扩散作用，反应速度与产物层的形成速度成正比。

实际上，大部分的固相反应属于第一种类型，$dy/dt=K/y$，积分后 $y^2=Kt$。由于实际测量产物层的厚度比较困难，通常用反应产物百分数 x 来表示反应程度。假定颗粒为球形，且反应物与产物的比重相等，可推导出公式：

$$\left[1-\sqrt[3]{\frac{100-x}{100}}\right]^2=Kt$$

MCO_3-SiO_2系统的固相反应按下式进行，此反应是按比例作用的，若能测得反应进行中各时间下失去的 CO_2 量，就可以求得 x，从而按照上述动力学公式求得反应常数 K。

$$MCO_3+SiO_2 = MSiO_3+CO_2\uparrow$$

测定固相反应速度问题，实际上就是测定反应过程中各反应阶段的反应进度的问题，可以用热重分析法跟踪系统重量变化或用量气法测定体系放出气体的体积等方法来求得 x。其中量气法一般在负压下(－40mmHg)进行，这样实验结果准确度较高。为方便控制，本实验可通过常压量气法进行。

三、实验设备及材料

1. 孔筛、干燥器、白金筒、量气筒等；

2. SiO_2、MCO_3等。

四、实验内容与步骤

1. 样品制备：将样品研磨，经 4900 孔筛，SiO_2在空气中 800℃保温 5h，MCO_3在 CO_2气氛下 400℃保温 4h。MCO_3和 SiO_2按物质的量比 1∶2 混匀，置于干燥器中保存。

2. 在分析天平上准确称量 0.4g～0.5g 样品于白金筒内，蹬实，接上悬丝，然后置于炉内反应管中，小心挂于小钩上。

3. 通过提升或降低水准瓶，用水位差法检查仪器密封情况，不漏气时方可进行实验。

4. 在检查气路、确定系统不漏气后，接通电源，按 10℃/min 的速度升温至 800℃，并保温 10min，旋通三通开关使反应管与量气管接通，记下量气管的起始读数。

注意：读数时，一定要使水准瓶与冷却管内液体在同一水平面，确保系统内压力与大气压力相同。

5. 做好准备工作后，小心旋动挂铂金小桶的活塞，将悬丝脱开，使白金小筒落在反应管中，同时按动秒表记录时间，开始读数。第一分钟内每 20s 记录一次量气管的读数。1min 以后 1 次/min，10min 后 1 次/2min；20min 后 1 次/5min，至 60min。

6. 记下实验温度、压力，旋转三通阀使反应管与大气相通，关闭程序升温控制器，实验结束。

五、实验报告要求

1. 按公式$\left[1-\sqrt[3]{\frac{100-x}{100}}\right]^2=Kt$作图。其中，$x=\frac{nCO_2}{nMCO_3}$；$t$ 为时间。

2. 按实际情况进行曲线拟合，并对曲线进行分析，求出实验温度下反应的速度常数。

六、实验问题与思考

1. 影响实验准确性的因素有哪些？

2. 在实验的后期，数据为何偏离直线？

3. 研究固相反应一般过程，本实验可以获取反应哪些动力学数据？

实验三　物料粉磨实验

一、实验目的

1. 了解粉磨过程和粉磨机理，熟悉球磨机的机构、性能和工作原理；

2. 掌握并进行球磨机球的级配、料球比等设计；

3. 研究球磨机的研磨时间与物料细度的关系。

二、实验原理

物料的粉磨是指在外力的作用下，通过冲击、挤压、研磨等克服物料变形时的应力与质点之间的内聚力，使块状物料变成细粉的过程。粉磨物料所需要的功除用于克服应力、内聚力并使物料形成新的表面、转变为固体的表面能外，大部分则转变为能量等散失于空间。提高粉磨效率、降低粉磨功耗是生产的重要课题。

大量实验表明，影响粉磨作业动力消耗和生产能力的因素主要有三个方面：物料的性质、被磨物料的粒度与产品细度以及粉磨作业系统与设备性能。

物料大块固体内部有脆弱面，受力后沿脆弱面发生碎裂。当粒度小时，脆弱面减少，最后小粒子趋近于构成晶体的单元块。小粒子受冲击力不发生碎裂，仅表面切削变为一定粒径的微粒。可见大粒子与粉碎过程有关，小粒子的粒径由物料的性质决定。

球磨机对物料的粉碎，正是对小粒子的粉碎过程。由上述粉碎机理可知，研磨体对小粒子粉碎变细的作用甚微，而使小粒子再变细、切削研磨作用明显。用球磨机对物料进行粉磨，就是尽量减少冲击粉碎所消耗的能量。

影响球磨机粉磨效率的因素很多，如料球比、球的材质与级比、球磨机的转速及助磨剂等。

本实验根据需要采用水泥磨或小型球磨机进行实验。

三、实验设备及材料

1. 破碎机、球磨机等。

2. 球磨机技术参数：

QM－1SP4 行星式球磨机是混合、细磨小批量材料的装置。

每罐最大装料量：球磨罐容积的四分之三（包括磨球）。

进料粒度：松脆材料≤10mm，其他磨料≤3mm。

额定转速：公转（大盘）250r/min±10％，自转（球磨罐）500r/min±10％。

3. 物料等。

四、实验内容与步骤

(一)水泥磨实验步骤

1. 对大于 7mm 的物料用破碎机对给定的物料进行破碎,使之达到符合一定要求的粒度。在破碎过程中注意加料均匀。

2. 人工轻轻旋转磨机筒,使磨机的加料口朝前上方,卸下磨机筒的密封盖,用毛刷清除筒盖与筒内表面的黏附粉尘。

3. 按水泥熟料、二水石膏、高炉矿渣的重量比 60∶5∶35 进行配料,物料总重量为 3kg ～5kg。

4. 将配好的球及熟料加入磨机内,盖上筒盖,拧紧螺栓,确保垫片完整,无粉尘泄漏。打开磨机控制器及电源开关,启动磨机进行粉磨。粉磨过程中要注意检查紧固螺栓是否松脱,如有松脱或粉尘泄露,需停机后拧紧螺栓,再进行粉磨过程。

5. 到一定时间后,清磨并取样进行分析。

(二)球磨机实验步骤

1. 检查:卸下拉马套及球磨罐罩上防护罩,接通电源,按运行按钮进行空转试运行,确保仪器正常。

2. 装料:旋松锁紧螺母及 V 形螺栓旋,取出球磨罐,将符合技术要求的磨料及仪器配套的磨球装入球磨罐,磨料量不超过罐容积的二分之一(不包括磨球)。球磨罐要求质量对称放置,两边重量要基本一致。

3. 装球磨机:装罐完毕即可将罐子放入球磨机的拉马套内,可同时装 4 个,亦可对称安装 2 个,不允许只装 1 个或 3 个。安装后先拧紧 V 形螺栓,然后按紧锁紧螺母,以防因松动发生意外。球磨罐安装完毕,罩上防护罩,再启动球磨机进行球磨。转速可通过上下调节大小键,最大不超过 500r/min(设置键为机器参数设定键,请勿随意变动)。如球磨罐为玛瑙罐,装罐应在罐身及盖子间垫好橡皮垫圈,并在拉马套顶住盖子的部位垫好橡皮垫。拉马套不宜上得过紧,只要保证其不会松动即可。使用玛瑙罐时,球磨机转速一般不要超过 300 r/min。最好用湿磨法进行磨料。必须采用干磨时,要间歇球磨,以免罐子因温度过高而损坏。

4. 出料:球磨结束后,拆下螺栓,卸下球磨罐,把试样和磨球一起倒入筛子内使球和磨料分离。分离完毕,及时将罐子和球清洗干净,让其自然晾干,不锈钢罐采用有机溶剂(乙醇、丙酮等)清洗后晾干或用电吹风吹干。本实验要求间隔一定时间进行一次出料分析。

五、实验报告要求

称量各筛及筛底中的粉料重量,并计算颗粒,将所得结果填入表 3－1。

表3－1　数据记录

筛号(目)				
筛孔径(mm)				
筛余(%)				
颗粒平均径(mm)				

六、实验问题与思考

1. 磨机粉磨实验对球磨机的哪些参数进行筛选?
2. 影响磨机粉磨效率的因素有哪些?

实验四 粉体的粒度分析

一、实验目的

1. 学习物料细度的检测方法；
2. 明确物料细度检测对工业生产的意义。

二、实验原理

在硅酸盐工业生产中，所用原料通常是固体物料。这些原料还需进一步细磨才能供制备坯料之用。因为原料的细度，对后道生产工艺（成型、烧成等）有直接的影响，对成品的质量也有很大的影响，所以工厂中常常要测定原料的细度。另外，其他工业部门也经常遇到细度测定的问题，因此固体物料细度的测定是一个应用广泛的、基本的实验项目。

细度是粉状物料分散的程度，即该粉料所含粒子的大小。因此细度通常是用粉体颗粒的大小来表示的，例如，以粉体物料中颗粒大小大于（或小于）某数值的颗粒占粉料总量的百分数来表示。实际生产中遇到的粉料是由大小不同的各种粒子组成的，有时需要知道大小颗粒的相对含量（分级含量），这就是粉料的颗粒分布（或称粒度分布、颗粒组成）。颗粒分布比细度更能全面地反映物料的分散度。

测定细度和颗粒分布的方法很多，常用的有筛析法、沉降法及激光法等。

本实验采用筛析法或沉降法进行检验。

筛析法：利用已知孔径的筛子，按一定的操作方法将粉料筛成能通过的两部分，就可称出该粉料中大于筛径的粒子含量——“筛余”，习惯上就用筛余来表示粉料的细度。

工业上和实验室使用孔径一定的标准筛来测定筛余。陶瓷工业的万孔筛（每平方厘米有 10000 孔的筛子，孔径为 60 μm）的筛余来表示原料的细度。

测定粉料的颗粒分布，则需要一系列的不同孔径的标准筛，依孔径大小顺序叠置进行筛分，然后用每只筛子的筛余来计算出颗粒分布的情况。设所用的筛号为：$A_1, A_2, A_3, \cdots, A_n$，孔径分别为 $d_1, d_2, d_3, \cdots, d_n$，且 $d_1 > d_2 > d_3 > \cdots > d_n$。每只筛子上的筛余为 $S_1, S_2, S_3, \cdots, S_n$，通过 A_n 号筛的粉料为 S_n'，则对应于 $S_2, S_3, \cdots, S_n$ 粉料平均粒径为

$$\bar{d}_2 = \frac{d_1 + d_2}{2}, \bar{d}_3 = \frac{d_2 + d_3}{2}, \cdots, \bar{d}_n = \frac{d_{n-1} + d_n}{2}$$

而且对应于 S_1 的粉料的粒径全部 $\geqslant d_1$，对应于 S_n' 的粉料粒径全部 $\leqslant d_n$。

显然 $S_1 + S_2 + S_3 + \cdots + S_n + S_n' = 100\%$。

以重量百分数为纵坐标，粒径（或粒径的对数）为横坐标，利用上述实验得到的筛余 S 和

对应的平均粒径 d，可作出分级筛析曲线；若用累计筛余（即该号筛及其上的各号筛的筛余的总和，例如 A_2 号筛的累计筛余为 S_1+S_2，A_n 号筛的累计筛余为 $S_1+S_2+S_3+\cdots+S_n$）为纵坐标，对应的筛孔径或其对数为横坐标即可作出累计筛析曲线图。

利用筛析曲线可以清楚地看出颗粒分布的情况，必须指出，由于分级筛析曲线是利用每只筛上的筛余值及其对应的平均粒径来作图的。故所用一系列筛的筛孔尺寸不能任意选取，必须按规律选择，才能做出反映实际粒度分布的筛析曲线。在筛析法中，通常按等比级数分布的筛孔尺寸，即：

$$d_1/d_2=d_2/d_3=\cdots=d_{n-1}/d_n=\text{常数}$$

在实际做筛分析时，往往先得出累积筛析曲线，再从这个曲线画出分级曲线。

用作筛分析的标准筛，其筛孔尺寸、筛丝尺寸以及上下筛子之间筛孔尺寸的间隔均有一定的数值，这就是所谓的标准筛制。各国有不同的孔径筛制。工厂常用泰勒筛制和德国筛制。

三、实验设备及材料

1. 筛子等。
2. 粉料等。

四、实验内容与步骤

1. 试样制备：将磨好的粉料在 100℃ 下烘干 1h。用圆锥四分法缩分试样，准确称取 100g（松装密度大于 1.5g/cm^3 的取 50g）。

2. 筛分：用手均匀摇振筛子，每分钟拍打 150 次，每打 25 次将筛子转 1/8 圈，使试样分散在筛布口，拍打约 10min，直至筛分终点（终点是拍打 1min 后筛下物小于筛上物料的 1%），否则继续手筛至终点。

五、实验报告要求

绘制筛析曲线并对其进行分析。

六、实验问题与思考

1. 筛子的目数是什么概念？它与筛子孔径是否呈线形对应关系？
2. 水泥的粒径达到多少时才能充分发挥其活性？为什么？

实验五 粉体的分散性实验

一、实验目的

1. 了解粉体的分散性概念；
2. 了解粉体分散的目的性；
3. 了解粉体分散性的基本研究方法。

二、实验原理

在工业应用中常将固体颗粒分散在液体介质中，由于纳米颗粒的尺寸小，比表面积大，表面能高，处于能量不稳定状态，再加上范德华引力、静电力等，分散在液体介质中的纳米颗粒易发生凝并、团聚，形成二次颗粒，使粒径变大，最终在使用时失去纳米颗粒所具备的特有功能。因此，如何提高纳米颗粒在液体介质中的稳定性、防止颗粒凝集，并提高其悬浮时间是亟待解决的问题。粉体分散是指粉体颗粒在液相介质中分离散开并在整个液相中均匀分布的过程，包括润湿、解团聚和分散颗粒的稳定化三个阶段。

1. 润湿

粉体润湿过程的目的是使粒子表面上吸附的空气逐渐被分散介质取代，或者在制备过程中使每一个新形成的粒子表面能迅速被介质润湿，即被分散介质所隔离，以防重新聚集。影响粒子润湿性能的因素有很多种，如粒子形状、表面化学极性、表面吸附的空间气量、分散介质的极性等。良好的润湿性能可以使粒子迅速地与分散介质互相接触，有助于粒子的分散。

2. 解团聚

指通过机械或超声等方法，使较大粒径的聚集体分散为较小颗粒。

3. 分散颗粒稳定化

指保证粉体颗粒在液体中保持长期的均匀分散。

在微细颗粒的水悬浮液中，由于颗粒表面力的作用使它们很容易团聚在一起，形成较大的团聚体。使用超声波振荡将破坏团聚体中小颗粒之间的库仑力和范德华力，使分散在液体介质中的团聚体被打开，从而使小颗粒分散在液体介质中。但超声波停止后，团聚又可能重新发生，因此，要想使微粉颗粒均匀、稳定地分散在液体介质中，通常采用三种稳定机制，即静电稳定理论（双电层稳定理论（DLVO 理论））、空间位阻稳定理论和静电位阻稳定理论。

1. 静电稳定理论（双电层稳定理论（DLVO））

静电稳定机制又称双电层稳定机制（见图 5－1），即通过调节 pH 值或加入电解质，使颗粒胶团表面产生一定量的表面电荷，形成双电层，通过 ζ—电位增大，使颗粒间产生斥力，从而实现颗粒的稳定分散。它是 1941 年由前苏联的德尔加昆和朗道(Darjaguin and Landon)以及 1948 年由荷兰的维韦和奥弗比克(Verwey and Overbeek)分别独立地提出来的。DLVO 理论主要是通过粒子的双电层理论来解释分散体系稳定的机理及影响稳定性的因素的。

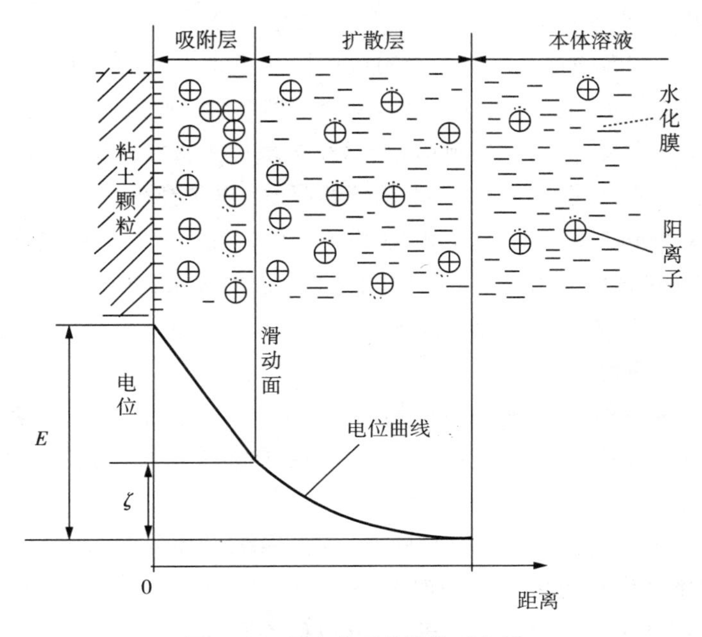

图 5-1　黏土表面的扩散双电层

(1)吸附层

吸附层是指靠近粉体颗粒表面较近的一薄层水化阳离子，其厚度一般只有几个 Å。这一薄层水化阳离子，由于与粉体颗粒表面距离近，阳离子的密度大，静电吸引力强，被吸附的阳离子与粉体颗粒一起运动难以分离。

(2)扩散层

扩散层是自吸附层外围起直到溶液浓度均匀处为止(离子浓度差为零)由水化阳离子及阴离子组成的较厚的离子层。这部分阳离子由于本身的热运动，自吸附层外围开始向浓度较低处扩散，因而与粉体颗粒表面的距离较远，静电引力逐渐减弱(呈二次方关系减弱)。在给土一水悬液体系接入直流电源时，这层水化离子能与粉体颗粒一起向电源正极运动。扩散层中阳离子分布是不均匀的，靠近吸附层多，而远离吸附层则逐渐减少，扩散层的厚度，依阳离子的种类和浓度的不同，约为 10Å～100Å。

(3)滑动面

它是吸附层和扩散层之间的一个滑动面。这是由于吸附层中的阳离子与粉体颗粒一起运动，而扩散层中的阳离子则有一滞后现象而呈现的滑动面。

(4)热力电位 E

它是粉体颗粒表面与水溶液中离子浓度均匀处之间的电位差。热力电位的高低,取决于粉体颗粒所带的负电量。热力电位愈高,表示粉体颗粒表面带的负电量愈多,能吸附的阳离子数目也愈多。

(5)电动电位 ζ

电动电位(ζ 电位)是粉体矿物胶粒双电层中的电位,是扩散层的内外界之间的电位差,电动电位取决于粉体颗粒表面负电量与吸附层内阳离子正电量的差值。ζ 电位与胶粒扩散层厚度之间有密切的关系,电动电位的高低,反映了扩散层的厚度。而扩散层厚度对于土的工程性质具有重要的意义,电动电位愈高,表示在扩散层中被吸附的阳离子愈多,扩散层愈厚,土水悬液稳定;反之,扩散层愈薄,土水悬液絮凝。ζ 电位数值大小可看做是颗粒排斥力的一种量度。R N Yong(R N Yong and AJ Sethi 1997)在一篇论文中提出可用 ζ 电位来判别土的分散性,他通过试验提出黏土的稳定性与 ζ 电位的关系:黏土分散稳定性与 ζ 电位之间具有良好的相关性,随着 ζ 电位的降低,即排斥能的增加,黏土颗粒的分散性逐步增强。

胶体颗粒带电有两种主要原因:

a. 胶体颗粒表面层的电离:形成胶体的固体颗粒与介质溶液接触后,表面的分子可以水化和电离,电离后,一种离子进入介质中,另一种离子留在表面,使胶体颗粒带电,形成双电层。

b. 胶体颗粒表面对一些离子的选择吸收:胶体系统是高分散的多相系统,具有很大的界面和界面能,当溶液中有电解质存在时,胶体颗粒就会吸附溶液中的离子以降低其表面能,使表面带电。因此可以通过加入电解质、分散剂或调整 pH 值来增加颗粒表面的同种电荷,使 ζ 升高。光靠静电势能克服范德华力在很多情况下往往是不够的。

影响电动电位 ζ 的因素:有 pH 值、介质中的阳离子种类、介质中的阳离子浓度和组分。

根据双电层模型,因颗粒表面带电荷,颗粒被离子氛包围(见图 5-2)。图中胶粒带正电,线圈表示正电荷的作用范围。由于离子氛中反离子的屏蔽效应,线圈以外不受胶粒电荷的影响,因此,当两个粒子趋近而离子氛尚未接触时,粒子间无排斥作用;当粒子相互接近到离子氛发生重叠时(见图 5-3),处于重叠区中的离子浓度显然较大,破坏了原来电荷分布的对称性,引起了离子氛中电荷的重新分布,即离子从浓度较大区间向未重叠区间扩散,使带正电的粒子受到斥力而相互脱离,这种斥力是粒子间距离的指数函数。

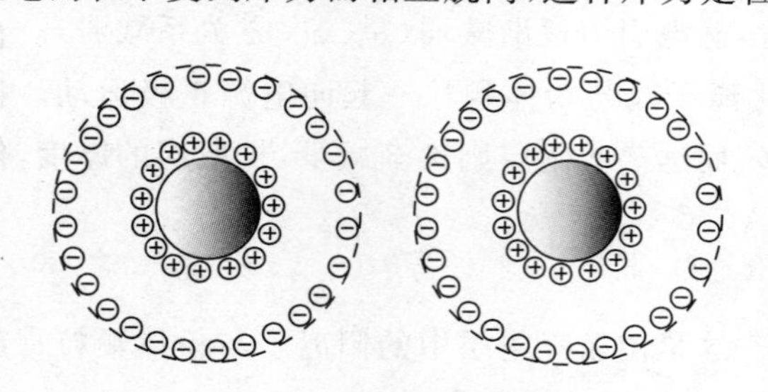

图 5-2 离子氛示意图

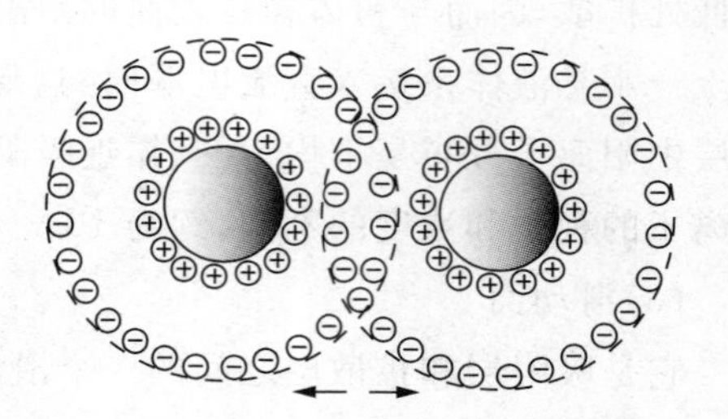

图 5-3 离子氛重叠示意图

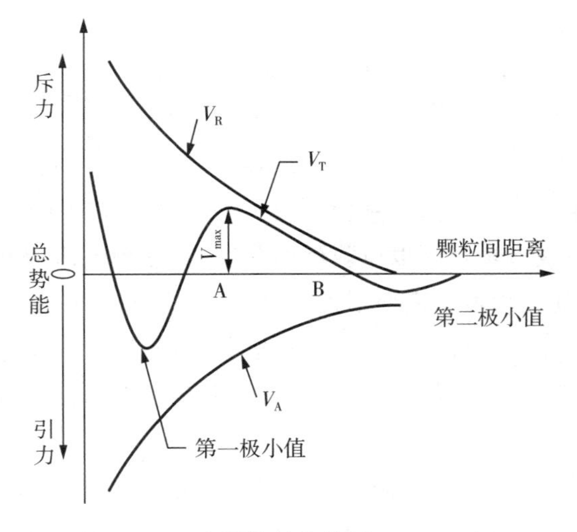

图 5-4　两个颗粒的势能图 $V_T = V_R + V_A$

由图 5-4 势能曲线可以看到，V_T、V_A 和 V_R 均是两胶粒间距离的函数，V_T 曲线上有最大值和最小值。当颗粒表面间距较大而使相互作用能 V_T 处于第二极小值时，颗粒将会可逆团聚而絮凝，但通过搅拌可重新散开。若颗粒间距离较小而使相互作用能处于第一极小值时，颗粒间由于范德瓦尔引力大于静电斥力而出现不可逆团聚，通过搅拌也很难再散开，此时料浆不稳定易发生絮凝沉降。但颗粒靠近相互作用达到第一极小值必须要越过最大值（势垒），因此要使料浆稳定，必须相互作用，这时主要表现为斥力。当颗粒表面间距离位于 AB 之间时，料浆稳定性较好。因此配制稳定性好的料浆，一方面通过增大颗粒表面上的电位达到增加势垒高度 V_{max}，另一方面通过加入分散剂和调节 pH 值使颗粒表面间距处于一个最佳值。

2. 空间位阻稳定理论（见图 5-5）

通过加入高分子聚合物（分散剂），使其一端的官能团与胶体发生吸附，另一端溶剂化链则伸向介质中，形成阻挡层，阻挡胶粒之间的碰撞、聚集和沉降。斥力大小取决于高分子链的尺寸、吸附密度和聚合物的排列。分散剂的分子量一般不小于 10000，小于此值，则分子链太短，难以克服范德华力。当聚合物量比较少时，颗粒表面有机物密度小，颗粒附着在聚合物上起搭桥作用，使颗粒聚集而沉降；当加入量过多时，颗粒表面产生过饱和吸附，固体表面有机物链绞在一起，亲水性降低，使颗粒聚沉，所以聚合物加入量有一个最佳值，能使悬浮液达到均匀稳定分散。

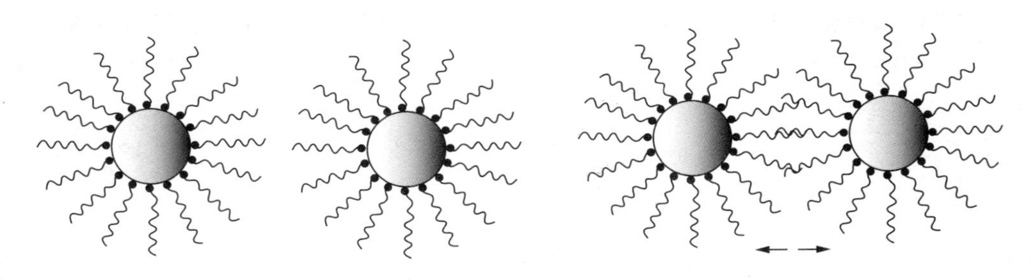

图 5-5　空间位阻稳定模型

3. 静电位阻稳定理论

通过静电斥力和空间位阻效应的协同作用来阻止胶粒互相靠近而发生絮凝和沉聚。其中静电斥力主要来源于吸附的净电荷、外加的电解质和吸附带电荷的高聚物基团；空间位阻斥力来源于吸附的高分子聚合物。胶粒在较远的距离时，静电斥力占主导地位；在较近距离时，空间位阻的影响占主导地位。因此选择分散剂可以选择空间位阻型的分散剂，以便形成阻挡层阻挡颗粒的靠近；或者选择静电位阻型的分散剂，靠静电斥力和空间位阻共同作用使颗粒更稳定分散。分散剂有阴离子表面活性剂、阳离子表面活性剂、两性表面活性剂和非离子表面活性剂，而陶瓷粉体在溶液中大多都带负电荷，故最好选择阴离子表面活性剂作为分散剂来增加颗粒表面的负电荷量，使之增大；或选择非离子表面活性剂作为分散剂来增加位阻效应。

干粉的分散研究通常是在粉磨活粉体中加入少量的分散剂对其表面进行改性或涂覆，以减少其团聚，主要是从改变其表面能方面做考虑；对于分散液，根据上述的三个方面的理论通过改变酸碱度，加入合适的分散剂等对其分散性能进行改善。干粉的分散性能评价可以从原级粒子，聚集颗粒的状况分析，或者以流动度、输送难易等表观性质做判定。分散液的分散效果评价根据不同情况采取的办法也有一定差别，常用的评价有：(1)沉降试验法；(2)TEM 电镜检测；(3)接触润湿角的测量。

三、实验步骤

1. 将给定的粉体按一定的质量百分比，通常为 30%～50%(wt)配制成要求体积的分散液，搅拌均匀，待用。

2. 将分散好的分散液分组装入同一规格的量筒，其中一只不加试剂作为空白，一组加入酸碱调节成不同的 pH；另外一组按不同的量加入表面活性剂(装入量筒之前在小烧杯中分散好再装入量筒)。

3. 上述装好的分散液静置一定时间后观测其沉降情况，将以上清液的毫升数作为其沉降好坏的评价依据。

4. 在沉降实验的同时，将对应的装载液的表面电位测量数记录下来。

四、结果处理

1. 绘制 ζ 电位－pH 图；

2. 对沉降效果随 pH 值及分散剂的变化情况结合上述原理及有关资料进行分析。

实验六　粉体材料的合成与表征

一、实验目的

1. 了解粉体制备的基本过程；

2. 了解无机材料基本的检测手段。

二、实验课题的选择

对实验课题原则上可以自选，但必须根据实验室现有条件并在老师的辅导下进行选择。

三、实验课题的准备

1. 查阅、翻译有关课题的中英文文献（图书馆数字资源：CNKI、万方数据、Elsevier Science Direct）；

2. 在参考文献资料的基础上结合所学的知识，写出实验课题选题报告；

3. 原料的选择和准备。

选题报告的内容包括：课题的国内外研究现状；所制备材料的结构及性质；有关制备方法及其原理；可采用的测试手段及其表征的内容；用途；实验方案及选择依据。

四、实验内容

在做好上述准备后进入实验室，按设计好的方案进行实验和有关结果的表征。在实验过程中，有针对性地进一步查阅文献，充实理论，对结果及时进行分析与讨论，找出规律性；对有疑问或认为不可靠的数据，补做实验或进行平行实验，以做出对比和取舍。

五、实验报告要求

报告的内容包括综述、选题方案及依据和结果报告三个部分。其中，结果报告部分包括：(1)工艺及原理；(2)药品及器材；(3)实验流程、步骤；(4)结果分析及讨论；(5)实验方案改进思路。

六、实验参考课题

1. layered double hydroxides(LDH)/anionic clays

说明：典型的层结构无机粉体材料。

2. WO_3粉体的合成

说明：对合成条件的要求较高，pH 对产品组成的影响很大。

3. ZrO_2粉体的合成

说明：可以做掺杂稳定对比。

七、实验参考内容

1. layered double hydroxides(LDH) / anionic clays

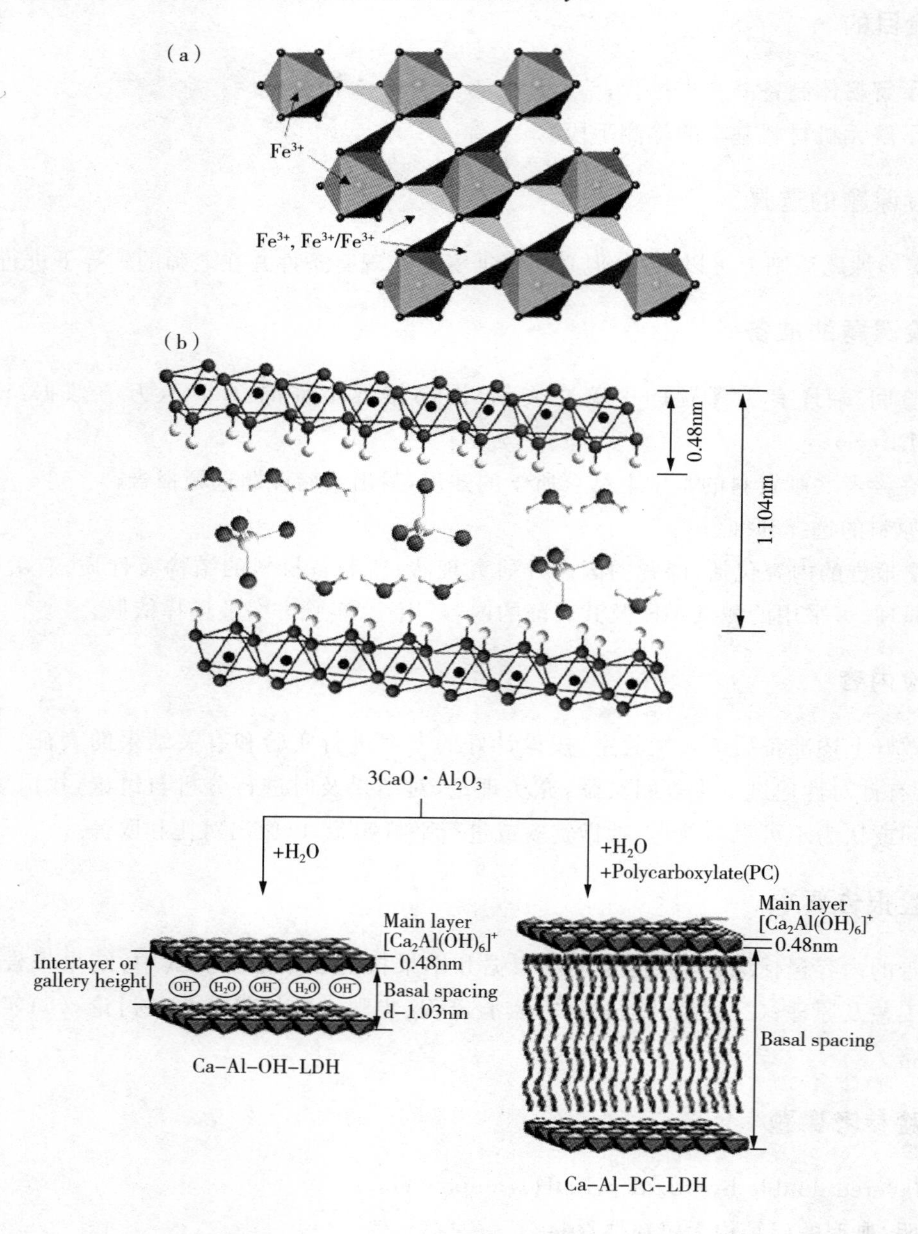

2. WO_3粉体的合成

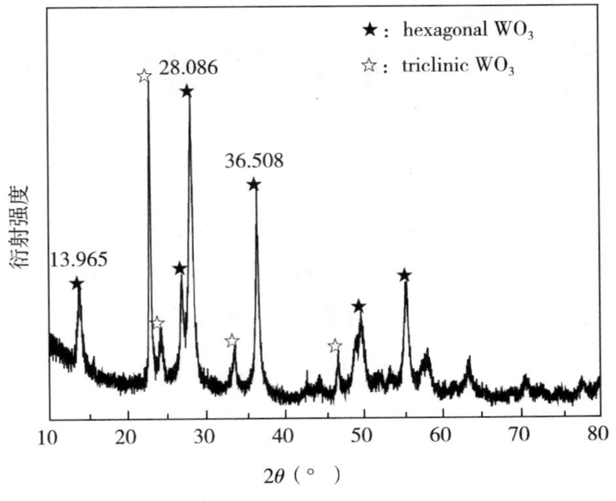

WO_3粉体的XRD谱（pH=1，140℃）

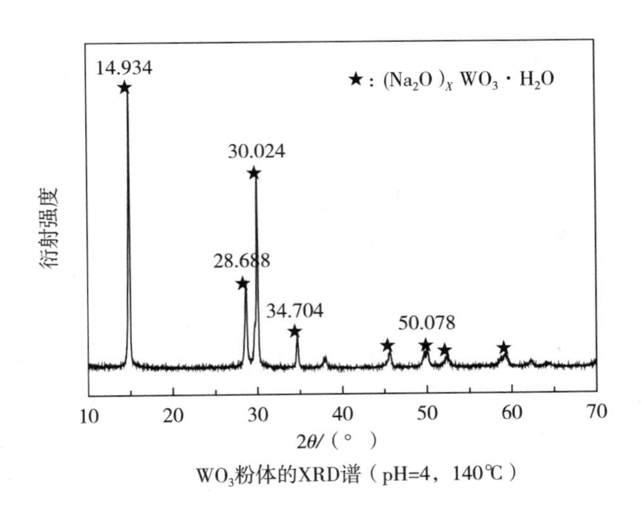

WO_3粉体的XRD谱（pH=4，140℃）

$$Na_2WO_4 \cdot 2H_2O + HCl;\ (WO_3)_{1-X} \cdot (Na_2O)_X \cdot nH_2O$$

两者反应得到的 WO_3 受制备过程的影响较大，在不同的 pH 和温度条件下产物的化学形式、晶型和形貌均有所不同。不同的制备方法得到的产物的形式和粒径分布也有差异。

实验七　气体比定压热容测定

气体比定压热容测定实验中涉及温度、压力、热量(电功)、流量等基本量的测量;计算中用到比热容及混合气体方面的知识。本实验的目的是增加热物性研究方面的感性认识,理论联系实际,以利于培养学生分析问题和解决问题的能力。

一、实验目的

1. 了解气体比热容测定装置的基本原理和构思。
2. 熟悉本实验中的测温、测压、测热、测流量的方法。
3. 掌握由基本数据计算出比热容值和求得比热容公式的方法。
4. 分析本实验产生误差的原因及减小误差的可能途径。

二、实验原理及装置

1. 实验原理

比热容是物质的重要热力学性质之一,其定义为单位质量的物质在某一过程 R 中温度变化 1℃所吸收或放出的热量。如果以 c_R 表示 R 过程中的比热容,dQ_R 表示质量为 M 的物质在 R 过程中温度变化 dt 时所吸收的热量,则有:

$$c_R = \frac{1}{M}\frac{dQ_R}{dt} \quad (J/kg \cdot K) \tag{7-1}$$

一般地,在工程中最常遇见的是定压过程中比热容 c_p 和定容过程比热容 c_V 的测定和应用。由于定压过程将引起物质体积的变化,从而需要外加能量来克服分子间的作用力,因而 $c_p > c_V$;另一方面,不论是比定压热容还是比定容热容通常都是温度的函数,即

$$c_R = c_R(t) \tag{7-2}$$

因此,如果想求出物质在某个温度区间内(t_1, t_2)中的平均比热容 c_{Rm},就必须知道比热容和温度之间的关系,此时有:

$$c_{Rm} = \frac{1}{t_2 - t_1}\int_{T_1}^{T_2} c_R dT \tag{7-3}$$

通常在实验室中测出的是物质从温度 t 升高到 $t+\Delta t$ 之间的平均比热容$\bar{c}_R$,即

$$\bar{c}_R = \frac{1}{M} \cdot \frac{\Delta Q}{\Delta t} \tag{7-4}$$

将被测样品升温到不同的温度，重复测出不同温度下的比热容，就可获得比热容随温度变化的曲线 $c_{Rm}-t$。

2. 实验装置

装置由风机、流量计、比热仪主体、电功率调节及测量系统四部分组成，如图 7－1 所示。实验时，被测空气（也可以是其他气体）由风机经流量计送入比热仪主体（图 7－2），经加热、均流、旋流、混流后流出。在此过程中，分别测定：

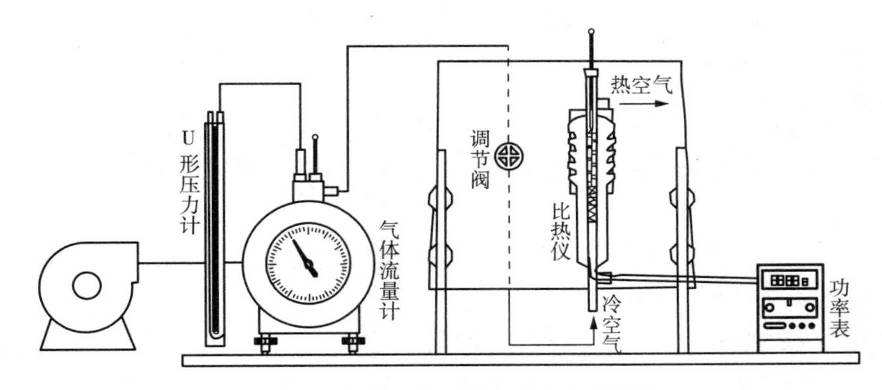

图 7－1　气体比定压热容测定实验装置

(1)空气的流量计出口处的干、湿球温度(t_0，t_w)；

(2)气体经比热仪主体的进出口温度(t_1，t_2)；

(3)气体的体积流量($\dot{V}$)；

(4)电热器的输入功率(W)；

(5)实验时相应的大气压(B)和流量计出口处的表压(Δh)。

有了以上这些数据，并查询相应的物性参数，即可计算出被测气体的比定压热容(c_{pm})。

气体的流量由节流阀控制，气体出口温度由输入电热器的功率来调节。本比热容仪可测量 300℃以下的比定压热容。

三、实验内容与步骤

1. 接通电源及测量仪表，选择所需的出口温度计插入混流网的凹槽中。

2. 根据流量计出口空气的干球温度和湿球温度，从湿空气的干湿图查出含湿量(d，g/kg)，根据式(7－5)计算出水蒸气容积成分：

$$r_w=\frac{d/622}{1+d/622} \tag{7-5}$$

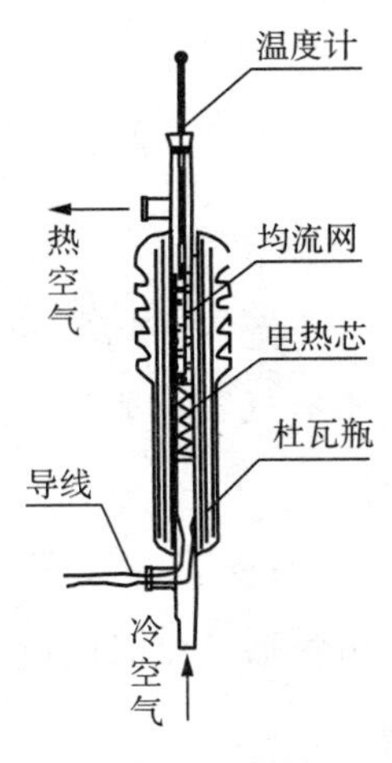

图 7－2　比热仪

3. 根据电热器消耗的电功率，可算出电热器单位时间放出的热量：

$$\dot{Q}=\frac{W}{4.1868\times10^{3}}\quad(\text{kcal/s})\tag{7-6}$$

4. 干空气流量(质量流量)为：

$$\dot{G}_g=\frac{P_g\dot{V}}{R_gT_0}=\frac{(1-r_w)(B+\Delta h/13.6)\times10^{4}/735.56\times10/(1000\tau)}{29.27(t_0+273.15)}$$

$$=\frac{4.6447\times10^{-3}(1-r_w)(B+\Delta h/13.6)}{\tau(t_0+273.15)}\quad(\text{kg/s})\tag{7-7}$$

5. 水蒸气流量为：

$$\dot{G}_w=\frac{P_w\dot{V}}{R_wT_0}=\frac{r_w(B+\Delta h/13.6)\times10^{4}/735.56\times10/(1000\tau)}{47.06(t_0+273.15)}$$

$$=\frac{2.8889\times10^{-3}r_w(B+\Delta h/13.6)}{\tau(t_0+273.15)}\quad(\text{kg/s})\tag{7-8}$$

6. 水蒸气吸收的热量：

$$Q_w=\dot{G}_w\int_{t_1}^{t_2}(0.1101+0.0001167t)\,\mathrm{d}t$$

$$=\dot{G}_w[0.4404(t_2-t_1)+5.835\times10^{-5}(t_2{}^{2}-t_1{}^{2})\quad(\text{J/s})\tag{7-9}$$

7. 干空气的比定压热容为：

$$C_{0\mathrm{m}}\Big|_{t_1}^{t_2}=\frac{\dot{Q}_g}{\dot{G}_g(t_2-t_1)}=\frac{\dot{Q}_g-\dot{Q}_w}{\dot{G}_g(t_2-t_1)}\quad(\text{J/(kg·K)})\tag{7-10}$$

8. 计算举例。

某一稳定工况的实测参数如下：

$t_0=8℃$； $t_w=7.5℃$； $B=748.0\text{mmHg}$；

$t_1=8℃$； $t_2=240.3℃$； $\tau=69.96\text{s/10L}$；

$\Delta h=16\text{mmHg}$； $W=41.84\text{kW}$

查干湿图，得 $d=6.3\text{g/kg}$，所以可得

水蒸气容积成分：

$$r_w=\frac{6.3/622}{1+6.3/622}=0.010027$$

电热器单位时间放出的热量：

$$Q=\frac{41.84}{4.1868\times10^{3}}=9.9938\times10^{-3}\quad(\text{kcal/s})$$

干空气流量(质量流量)为：

$$\dot{G}_g=\frac{4.6447\times10^{-3}(1-0.010027)(748+16/13.6)}{69.96(8+273.15)}=175.14\times10^{-6}\quad(\text{kg/s})$$

水蒸气流量为：

$$\dot{G}_w=\frac{2.8889\times10^{-3}(1-0.010027)(748+16/13.6)}{69.96(8+273.15)}=1.1033\times10^{-6}\quad(\text{kg/s})$$

水蒸气吸收的热量：

$$Q_w=1.1033\times10^{-6}\times[0.4404\times(240.3-8)+5.835\times10^{-5}(240.3^2-8^2)$$

$$=0.1166\times10^{-3}\quad(\text{kcal/s})$$

干空气的定压比热为：

$$C_{0m}\Big|_{t_1}^{t_2}=\frac{9.9938\times10^{-3}-0.1166\times10^{-3}}{175.14\times10^{-6}\times(240.3-8)}=0.2428\quad(\text{kcal/(kg}\cdot\text{K))}$$

9. 比热容随温度的变化关系。

假定在 0℃～300℃之间，空气的真实比定压热容与温度之间近似地有线性关系，则由 t_1 到 t_2 的平均比热容为：

$$C_{0m}\Big|_{t_1}^{t_2}=\frac{\int_{t_1}^{t_2}(a+bt)\mathrm{d}t}{t_2-t_1}=a+b\frac{t_2-t_1}{2}\tag{7-11}$$

因此，如果以$\frac{t_2-t_1}{2}$为横坐标，$C_{0m}\Big|_{t_1}^{t_2}$为纵坐标画图，如图 7－3 所示，则可根据不同温度范围内的平均比热容确定截距 a 和斜率 b，从而得出比热容随温度变化的计算式。

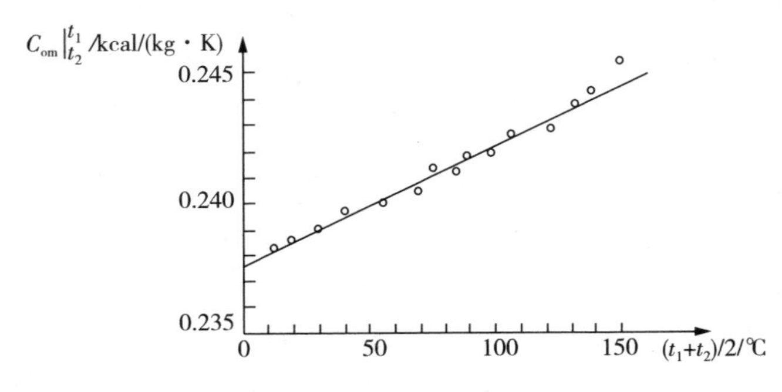

图 7－3　比定压热容随温度变化的曲线

四、实验注意事项

1. 切勿在无气流通过的情况下使电热器投入工作，以免引起局部过热而损坏比热仪主体。

2. 输入电热器的电压不得超过 220V，气体出口最高温度不得超过 300℃。

3. 加热和冷却要缓慢进行，防止温度计和比热仪主体因温度骤增、骤降而破裂。

4. 停止试验时，应切断电热器，让风机继续运行 15min 左右（温度较低时可适当缩短）。

五、实验问题与思考

1. 电加热器辐射损失有哪些影响？
2. 引起实验误差的因素有哪些？
3. 影响比热仪出口温度稳定的因素有哪些？

实验八　非稳态(准稳态)法测材料的导热性能实验

一、实验目的

1. 加深对非稳定态导热过程基本理论的理解;

2. 测量绝热材料(不良导体)的导热系数和比热容,掌握其测试原理和方法。

二、实验原理及装置

1. 实验原理

工程上发生的导热过程绝大部分都是不稳定的。间歇式操作的窑炉壁、任何窑炉中制品的加热与冷却,以及任何连续操作窑的开始与停止作业的最初一段时间的温度都是不稳定的。所以,不稳定导热的过程实质上就是加热或冷却的过程。

非稳态法测定隔热材料的导热系数是建立在不稳定导热理论基础上,并根据不稳定导热过程的不同阶段的规律建立起来的测试方法。主要有正规工况法、准稳态法和热线法。与稳态法相比,该法具有对热源的选择要求较低、所需的测定时间短(不需要热稳定时间)并可降低对试样的保温要求的优点。不足之处在于很难保证实验中的边界条件与理论分析中给定的边界条件相一致,且难以精确获得所要求的温度变化规律。但由于该法的实用价值,业已广泛地应用于工程材料的测试上,特别是在高温、低温或伴随内部物质传递过程时的材料热物性测试中具有显著的优势。

本实验是根据第二类边界条件下无限大平板的导热问题来设计的。该平板厚度为 2δ,初始温度为 t_0,平板两表面受恒定的热流密度 q_c 均匀加热(见图 8-1)。求任何瞬间沿平板厚度方向的温度分布 $t(x,\tau)$。

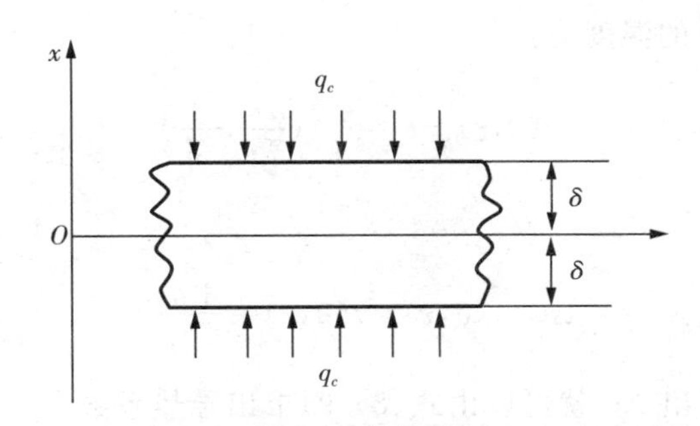

图 8-1　第二类边界条件无限大平板导热的物理模型

导热微分方程式、初始条件和第二类边界条件如下:

$$\frac{\partial t(x,\tau)}{\partial \tau}=\frac{\partial^2 t(x,\tau)}{\partial x^2} \tag{8-1}$$

$$t(x,0)=t_0 \tag{8-2}$$

$$\frac{\partial t(\delta,\tau)}{\partial x}=\frac{q_c}{x}=0 \tag{8-3}$$

$$\frac{\partial t(\delta,\tau)}{\partial x}=0 \tag{8-4}$$

方程的解为：

$$t(x,\tau)-t_0=\frac{q_c}{\lambda}[\frac{a\tau}{\delta}-\frac{\delta^2-3x^2}{6\delta}+\delta\sum_{n=1}^{\infty}(-1)^{n+1}\frac{2}{\mu_n^2}\cos(\mu n\frac{x}{\delta})\exp(-\mu_n^2F_0)] \tag{8-5}$$

式中 τ——时间；

λ——平板的导热系数；

a——平板的导温系数；

$\mu_n=n\pi, n=1,2,3,\cdots$；

$F_0=\frac{a\tau}{\delta^2}$是傅立叶准则；

t_0——初始温度；

q_c——沿 x 方向从端面向平板加热的恒定热流密度。

随着时间 τ 的延长，F_0 数变大，式(8-5)中级数和项越小。当 $F_0>0.5$ 时，级数和项变得很小，可以忽略不计，式(8-5)变成：

$$t(x,\tau)-t_0=\frac{q_c\delta}{\lambda}(\frac{a\tau}{\delta^2}+\frac{x^2}{2\delta^2}-\frac{1}{6}) \tag{8-6}$$

由此可见，当 $F_0>0.5$ 后，平板各处温度与时间呈线性关系，温度随时间变化的速率是常数，并且各处相同。这种状态称为准稳态。

在准稳态时，平板中心面 $x=0$ 处的温度为：

$$t(0,\tau)-t_0=\frac{q_c\delta}{\lambda}(\frac{a\tau}{\delta^2}-\frac{1}{6}) \tag{8-7}$$

平板加热面 $x=\delta$ 处的温度为：

$$t(\delta,\tau)-t_0=\frac{q_c\delta}{\lambda}(\frac{a\tau}{\delta^2}+\frac{1}{3}) \tag{8-8}$$

此两面的温差为：

$$\Delta t=t(\delta,\tau)-t(0,\tau)=\frac{1}{2}\frac{q_c\delta}{\lambda} \tag{8-9}$$

如已知 q_c 和 δ，再测出 Δt，就可以由式(8-9)求出导热系数：

$$\lambda=\frac{q_c\delta}{2\Delta t} \tag{8-10}$$

实际上,无限大平板是无法实现的,实验总是用有限尺寸的试件。但一般可认为,试件的横向尺寸为厚度6倍以上时,两侧散热对试件中心的温度影响可以忽略不计。试件两端面中心处的温度差就等于无限大平板两端面的温度差。

根据势平衡原理,在准稳态时,有下列关系:

$$q_c F = c\rho\delta F \frac{dt}{d\tau} \tag{8-11}$$

式中,F 为试件的横截面;c 为试件的比热容;ρ 为试件的密度;$\frac{dt}{d\tau}$为准稳态时的温升速率。

由上式可得比热容:

$$c = \frac{q_c}{\rho\delta \frac{dt}{d\tau}} \tag{8-12}$$

实验时,$\frac{dt}{d\tau}$以试件中心处为准。

2. 实验装置

按上述理论及物理模型设计的实验装置如图8-2所示。

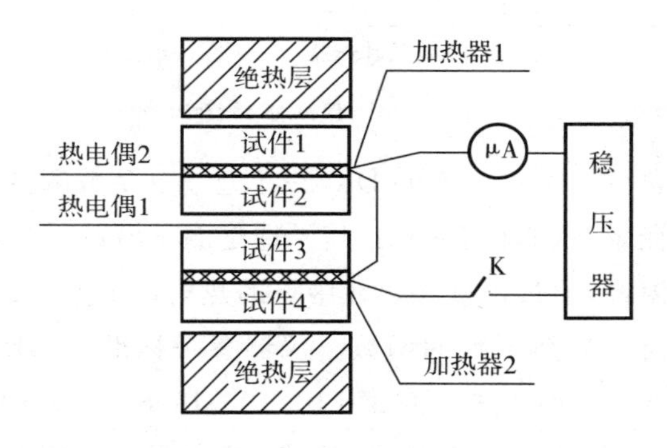

图8-2　实验装置示意图

(1)试件

试件尺寸为230mm×114mm×65mm,试件上下面要平齐,表面要平整。

(2)加热器

采用高电阻康铜箔平面加热器,康铜箔厚度仅为20 μm,加上保护箔的绝缘薄膜,总共为70 μm。其电阻值稳定,在0～100℃范围内几乎不变。加热器的面积和试件的端面积相同,也是230mm×114mm的长方形。两个加热器的电阻值应尽量相同,相差应在0.1%内。

(3)绝热层

用导热系数比试件小的材料作绝热层,力求减少热量通过,使试件1、试件4与绝热层的接触面接近绝热。这样,可假定式(8-8)中的热量 q_c 等于加热器发出热量的0.5倍。

(4)热电偶

利用热电偶测量试件2两面的温差及试件2、试件3接触面中心处的温升速率。热电偶由 0.1mm 的康铜丝制成，其接线如图 8－3 所示。热电偶的冷端放在冰瓶中，保持 0℃。

实验时，将 4 个试件整齐叠放在一起，分别在试件 1 和试件 2 及试件 3 和试件 4 之间放入加热器 1 和试件 2，试件和加热器要对齐。热电偶的放置如图 8－3 所示，热电偶测温探头要放在试件中心部位。放好绝热层后，适当施加压力，以保持各试件之间接触良好。

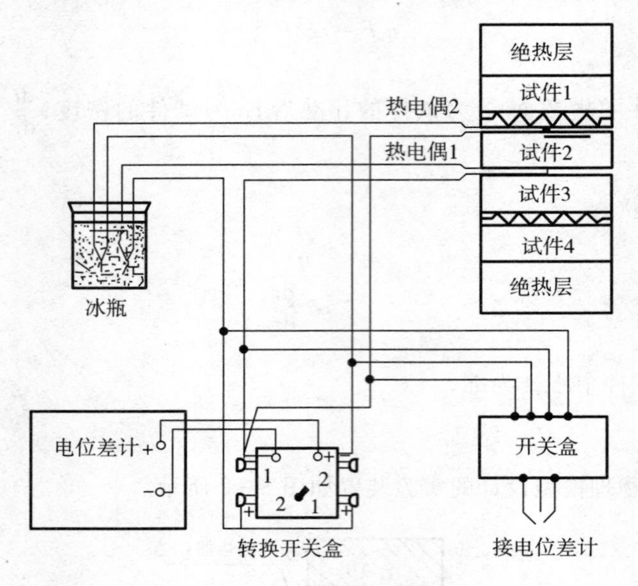

图 8－3 接线示意图

本实验采用湘潭湘科仪器公司生产的 DRX－Ⅱ型导热系数测试仪，实物图如图 8－4 所示。热线法是一种动态测量法(非稳态法)。其原理是测量沿试样长度方向埋设在试样中线形热源在一定时间内的温升，通过焊接在热线中点的热电偶测量热线温度随时间的变化，该线的温度变化即是被测材料导热系数的函数。仪器参考标准有 GB/5990－1986《定形隔热耐火制品导热系数试验方法(热线法)》，GB/T10297－1998《非金属固体材料导热系数的测定(热线法)》等。DRX－Ⅱ导热系数测试仪(热线法)主要测试隔热材料、定形隔热耐火制品、粉状料等非金属材料在不同温度下的导热系数。更换测试头可检测液体材料的导热系数。

DRX－Ⅱ导热系数测试仪(热线法)的主要技术性能有：

(1)导热系数测试范围：0.015～1.7W/(m·K)；

(2)准确度：±3%；

(3)采用交叉线法测试，对实验温度实现可控状态下的测试，最高测试温度：1200℃；

(4)试样尺寸要求：230mm×114mm×65mm；

(5)可连接上位机，实现计算机自动测试，并实现数据打印输出。

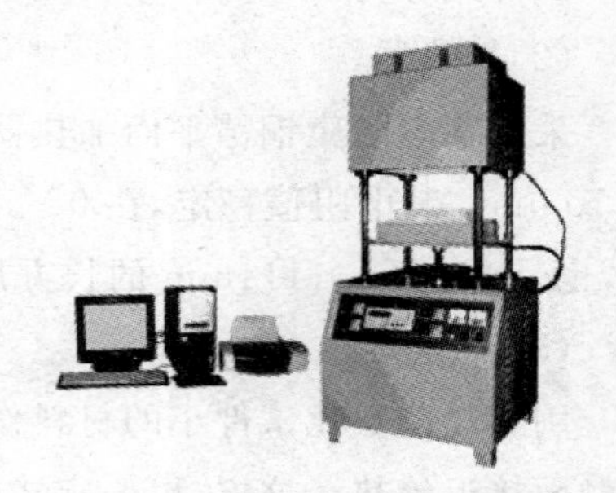

图 8－4 DRX－Ⅱ型导热系数测试仪实物图

三、实验内容与步骤

1. 用游标卡尺测量试件的尺寸:面积 F 和厚度 δ。

2. 按图 8-2 和图 8-3 放好试件、加热器和热电偶,接好电源,接通稳压器,并将稳压器预热 10min(此时开关 K 是打开的)。接好热电偶与电位差计及转换开关的导线。

3. 校对电位差计的工作电流,然后将测量转换开关拨至"1",测出试件在加热前的温度,此刻的温度应等于室温。再将转换开关拨至"2",测出试件两面的温差,此时对应的指示热电势为零,测量出示值差最大不得超过 0.004mV,即相应的初始温度差不得超过 0.1℃。

4. 接通加热器开关,给加热器通以恒定电流(试验过程中,电流不允许变化。此值事先经实验确定)。同时,启动秒表,每隔 1min 测读一个数值。奇数值时刻(1min,3min,5min 等)测"2"端热电势的毫伏数;偶数值时刻(2min,4min,6min 等)测"1"端热电势的毫伏数。这样,经过一段时间后(随所测材料而不同,一般为 10～20min),系统进入准稳态,"2"端热电势的数值(即式(8-10)中的温差 Δt)几乎保持不变。记下加热器的电源值。

5. 第一次实验结束,将加热器开关 K 切断,取下试件及加热器,用电扇将加热器吹凉,待其和室温平衡后才能继续做下一次实验。但试件不能连续做实验,必须放置 4h 以上,使其冷却至室温后,才能再做下一次实验。

6. 实验全部结束后,必须切断电源,一切恢复原状。

四、实验报告要求

室温 t_0:　(℃)

加热器电流 I:　(A)

加热器的电阻(两个加热器电阻的平均值)R:　(Ω)

试件截面尺寸 F:　(m^2)

试件厚度 δ:　(m)

试件材料密度 ρ:　(kg/m^3)

热流密度 q_c:　(W/m^2)

表 8-1　实验数据记录

时间(min)		0	1	2	3	4	5	6
热电势	"1"							
(mV)	"2"							
时间(min)		7	8	9	10	11	12	13
热电势	"1"							
(mV)	"2"							

求出热流密度 q_c(W/m^2)、准稳态时的温差 Δt(平均值)(℃)、准稳态时的温升速率 $\frac{dt}{d\tau}$(℃/h),即可计算出试件的导热系数 λ(W/(m·K))和比热容 c(J/(kg·K))。

实验九 材料表面法向辐射率的测定

一、实验目的

1. 熟知热辐射的基本概念与基本理论；
2. 学习法向辐射测量仪的基本原理；
3. 掌握材料表面法向辐射率的测量方法。

二、实验原理及装置

1. 实验原理

在传热学中，将某物体表面的半球辐射率（或称为半球发射率、半球黑度，简称黑度）定义为该物体表面的辐射率 E 与同温度下黑体表面的辐射力 E_b 的比值，即 $\varepsilon=E/E_b$。而某物体表面的法向辐射率（法向辐射率，或法向黑度）定义为该物体表面的法向辐射强度 I_n 与同温度下黑体的法向辐射强度 I_{bn} 的比值，即 $\varepsilon_n=I_n/I_{bn}$。对于每一种物体表面，ε 和 ε_n 之间有一定的数量关系。

法向辐射率测量仪就是从法向辐射率的基本定义出发而设计的，图 9－1 所示为法向辐射率测量仪的示意图。用一个热辐射敏感元件分别接受温度相同的待测样品和黑体的热辐射，为限制待测样品和黑体的辐射能量，只有法线方向的能量被感受元件所接收，将感受元件置于一个直径较小、长度较长的黑体腔内（称为感受件腔）。感受件采用无选择性的平面热电堆，它由八对热电偶串联而成，可使输出信号加大。让感受件分别接受同一温度下的待测样品和黑体的热辐射，则感受件的电势与待测样品和黑体的法向辐射强度成正比，即

$$\varphi=KI_n$$
$$\varphi_b=KI_{bn} \tag{9-1}$$

式中 φ——感受件接受待测样品辐射时的电势；

φ_b——感受件接受黑体辐射时的电势；

K——比例系数，或称为热电转换系数。

再根据法向辐射率的定义：

$$\varepsilon_n=\frac{I_n}{I_{bn}} \tag{9-2}$$

则有：

$$\varepsilon_n=\frac{\varphi}{\varphi_b} \tag{9-3}$$

2. 实验装置

法向辐射率测量仪主要由样品室、黑体腔、感受件腔和零点校正器四部分构成，参见图9－1。

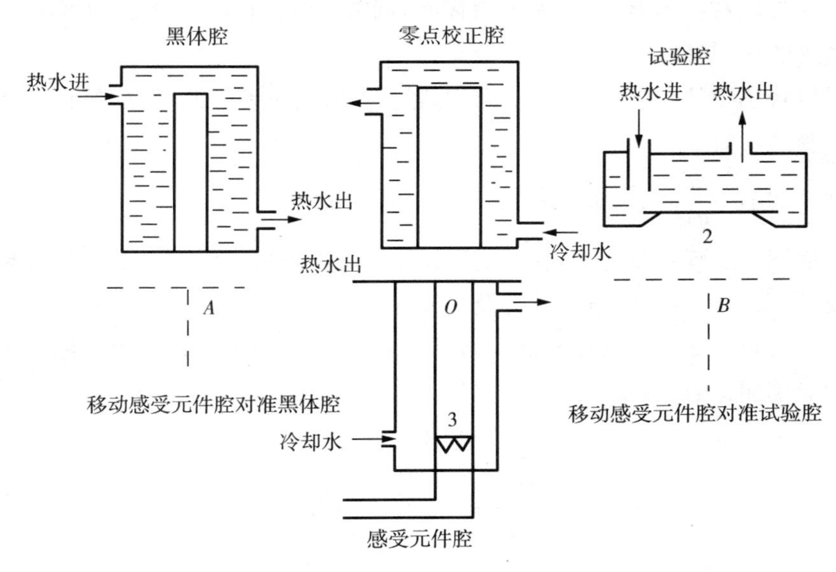

图 9－1　法向发射率测定仪示意图

1－黑体腔；2－待测试件；3－热电堆；4－零点校正器

样品室：将待测样品置于一个热水腔内，其热水由恒温水浴提供。样品与黑体腔串联，用同一个恒温水浴供水，保证待测样品与黑体的温度相同。

黑体腔：也称为人工黑体，黑体腔直径与长度之比为1/3，内壁涂有无光黑漆（$\varepsilon \approx 1$）。

感受件腔：感受元件平面热电堆置于腔内，其直径与长度比保证平面热电堆只能吸收到样品和黑体腔法向辐射的能量。该腔用自来水供水。

零点校正器：其结构与黑体腔相似，只是腔内用冷水循环。它可以与感受件腔并联起来通自来水。

样品室、零点校正器和黑体腔放在同一机箱内，而感受件腔放在一块滑板上，它可以左右移动分别对准 A、O、B 三个位置上。

三、实验内容与步骤

1. 检查水路以及感受元件平面热电堆到二次仪表（检流计或电位差计）的引线是否接好，将待测样品装入样品室。

2. 缓缓打开冷水阀门，检查有无漏水现象，如发现漏水，立即将阀门关死，找出原因并加以解决。

3. 将恒温水浴接点温度计调到指定位置（85℃～90℃，已调好）。

4. 打开恒温水浴电源及加热开关，当水温升到指定温度时开启搅拌器开关，直到温度平衡后，关闭恒温水域上的辅助加热开关。

5. 测量

(1)先将感受件腔对准零点校正器，当电位差计上的检流计指针没有明显漂移后，记下检流计指针的 φ_0 位置。

(2)将感受件腔右移到 B 位置，对准黑体腔，调节电位差计的测量盘，使检流计指针指到 φ_0，记下测量盘的 φ_b 度数。

(3)然后再将感受件腔向左移动，对准样品室，调节电位差计测量盘，使检流计指针指到 φ_0，记下测量盘的读数 φ。

(4)根据公式 $\varepsilon_n=\dfrac{I}{\varphi_b}=\dfrac{\varphi}{I_b}$，求出 ε_n。

(5)将上面测量步骤重复几次，将几次测量结果的平均值作为测量的最后结果。测试完毕后，停止搅拌，关闭恒温水浴电源开关及自来水阀门。

注意：由于材料表面的光洁度对试验结果影响很大，所以测试过程中不能用手触摸样品表面，否则会影响测试数据。

实验十　煤的发热量测定

一、实验目的

1. 掌握氧弹法测定煤的发热量的方法；
2. 了解各种发热量的概念以及它们之间的相互换算关系；
3. 根据经验公式计算煤的低位发热量。

二、实验原理

煤的发热量是燃煤的一项重要指标，它是以单位质量的煤完全燃烧时所产生的热量来表示的，单位是 kJ/kg。对煤的发热量进行测定时，依据的也正是这一原理，即设法实现对一定量的煤样在完全燃烧时所放出的热量进行标定。

目前常用的一种测定煤的发热量的方法是氧弹法。它是 1881 年由科学家伯斯路特发明的。该法是把一定量的煤样放在充有高压纯氧的密闭弹筒（即氧弹）中完全燃烧，并使煤燃烧放出的热量通过弹筒传递给水及仪器系统，再根据水温的变化计算出煤样的发热量。用氧弹法测得的煤的发热量称为弹筒发热量，记为 Q_{DT}，计算式如下：

$$Q_{DT}=\frac{KH[(t_n-h_n)-(t_0+h_0)+C+\Delta t]-(q_1+q_2)}{G} \quad (J/g) \tag{10-1}$$

式中　G——煤饼的质量，g。

K——量热系统的热容量，J/℃。

H——露出柱温度校正系数，$H=1+0.00016(\bar{t}_l-t_1)$，℃；$\bar{t}_l$ 为露出柱平均温度，℃。

Δt——露出柱温度变化校正，$\Delta t=0.00016(t_l-\bar{t}_l)L$，℃。

q_1——点火丝产生的热量，J。

各种点火丝的发热量：

铁丝为 6700J/g，铜丝为 2510J/g，铂丝为 427J/g，镍铬丝为 1400J/g，棉纱为 17500J/g。

q_1＝（点火丝原重－残余点火丝重量）×所用点火丝的发热量，J。

q_2——添加物（如苯甲酸、包纸等）生成的热量，J。

C——冷却校正值，根据煤炭科学院提出的经验公式计算：

$$C=(n-b)V_n+bV_0 \tag{10-2}$$

V_n，V_0——分别为点火终期及初期的内筒温度下降速度：

$$V_n=k(t_n-t_g)-A \tag{10-3}$$

$$V_0 = k(t_0 - t_g) - A \quad (10-4)$$

其中，k 为冷却校正常数；A 为搅拌热常数；b 为系数，其他符号含义见实验步骤。式(10-2)中的 b 值可由表 10-1 查得。

表 10-1 b 值表

$\Delta/\Delta t$[①]	b	$\Delta/\Delta t$	b
1.00～1.60	1.00	4.01～6.00	2.00
1.61～2.40	1.25	6.01～8.00	2.25
2.41～3.20	1.50	8.01～10.0	3.00
3.21～4.00	1.75	>10	3.50

①Δ 为总温升；Δt 为点火后第一分钟内的温升。

当要求精度稍低时，可采用下列公式计算：

$$C = nV \quad (10-5)$$

事实上，试样完全燃烧放出的热量不仅被水吸收，也被弹筒自身、内筒、搅拌器和温度计等实验装置吸收，所以上述实验装置统称为量热系统。该量热系统本身具有的热容量（也称为水当量），事先已用已知标准发热量的物质（如苯甲酸）进行标定，作为仪器常数给出。由于生产中可利用的是煤的低发热量，所以将各种发热量的概念及换算关系简介如下：

1. 弹筒发热量

在密闭的氧弹中充以初压为 27～35 大气压的氧气，终了时燃烧产物为 25℃，燃烧单位质量的试样所产生的热量称为弹筒发热量，J/g，记作 Q_{DT}。

煤的燃烧产物为：CO_2、H_2SO_4、HNO_3、水和固态的灰分。

2. 恒容高位发热量

弹筒发热量 Q_{DT} 减去稀硫酸和二氧化硫生成热之差以及稀硝酸生成热，即为恒容高位发热量，J/g，记作 $Q_{GR,V}$。实质上 $Q_{GR,V}$ 等于在测定弹筒发热量相同条件下燃烧单位质量试样所产生的热量，不同的是燃烧产物中硫以二氧化硫状态、氮以游离状态存在。恒容高位发热量比工业上的恒压（大气压）高位发热量低 8.374～16.748J/g，一般可忽略不计。

3. 恒容低位发热量

恒容高位发热量 $Q_{GR,V}$ 减去水的蒸发热，即为恒容低位发热量，J/g，记作 $Q_{net,V}$。

因为在工业燃烧中，全部水（燃烧生成水和煤中原有的水）呈蒸汽状态，而在氧弹中，气凝结成液态水。其换算关系为：

$$Q_{GR} = Q_{DT} - (3.6V + 1.5aQ_{net}) \quad (\mathrm{J/g}) \quad (10-6)$$

式中 V——滴定洗液消耗 0.1mol/L 的 NaOH 溶液的体积，ml；

a——硝酸生成热校正系数（贫煤、无烟煤取 0.001，其他煤取 0.0015）

$$Q_{net} = Q_{GR} - 25(M_{ad} + 9H_{ad}) \quad (\mathrm{J/g}) \quad (10-7)$$

式中　M_{ad}——煤样的空气干燥基水分含量；

　　　H_{ad}——煤样的空气干燥基氢含量。

氢含量可根据下面的经验公式求出：

$$H_{daf}=V_{daf}\times(7.35/10+V_{daf})-0.013 \tag{10-8}$$

式中　V_{daf}——无灰干燥基挥发水分的含量，%。

三、实验设备与材料

本实验是在 ZDHW－5 型氧弹式量热计中进行的(图 10－1)。其主要部件有氧弹(弹筒)、量热筒(内筒)、量热计外壳(外桶)、搅拌器和贝克曼温度计，如图 10－2 所示。其中氧弹式样品燃烧室，具体结构如图 10－3 所示。

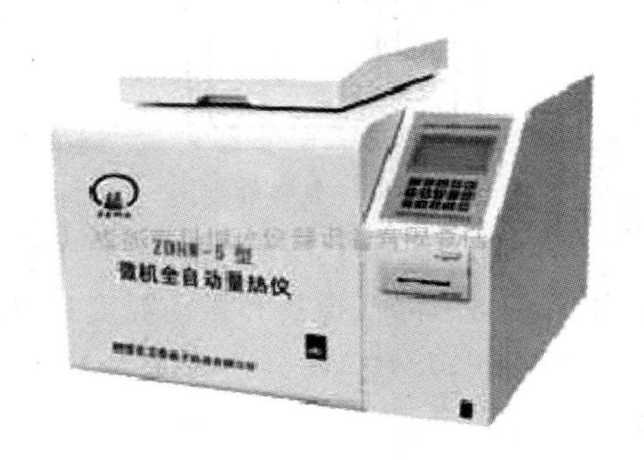

图 10－1　ZDHW－5 型氧弹式量热计实物图

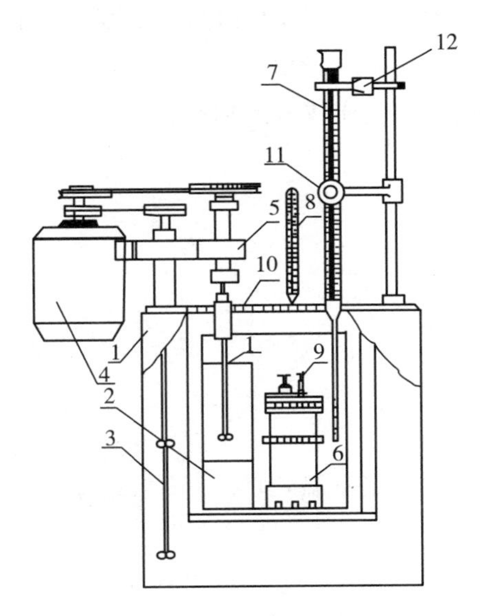

图 10－2　ZDHW－5 型氧弹式量热计

1—外壳；2—量热容器；3—搅拌器；4—搅拌器电机；5—绝热支架；6—氧弹；7—贝克曼温度计；8—玻璃温度计；9—电极；10—盖子；11—放大镜；12—电极荡装置

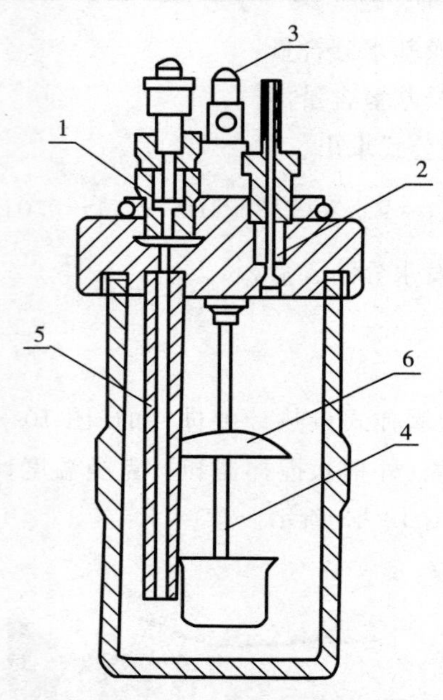

图 10-3　氧弹剖视图

1—充氧阀门;2—放气阀门;3—电极;4—坩埚架;5—充气管;6—燃烧挡板

其他设备还有:控制箱,用于点火、计时、搅拌和振动温度计等操作;压块机,用于将试样压制成圆柱状;氧气瓶及氧气减压阀;1/10000 分析天平及浓度为 0.1mol/L 的 NaOH 溶液、甲基红试剂、滴定台和酒精灯等。

ZDHW-5 型氧弹式量热计符合国标 GB/T213-2003《煤的发热量测定方法》的要求,主要用于测定固体可燃物或黏稠液体物质的发热量,如煤炭、石油、化工、食品、木材等可燃物质发热量的测定。

ZDHW-5 型氧弹式量热计的主要技术指标有:

(1)热容量:10400J/K;

(2)外水筒容量:40L;

(3)内水筒容量:2.1L;

(4)温度分辨率:0.001℃;

(5)点火电压:24V;

(6)点火时间:5s;

(7)测量时间:≤15min;

(8)使用环境:0~40℃(每次测定室温≤1℃);

(9)相对湿度:≤80%;

(10)电源电压:220V±10%;

(11)功率:<200W。

四、实验内容与步骤

1. 精确称量试样并放入坩埚。在金属坩埚底部铺一石棉纸垫,垫的周边与坩埚密接,以免试样下漏，然后将预先制备的煤饼试样(重 1.0～1.2g)放在石棉垫上。

2. 装点火丝和充氧。取一段已知质量的点火丝，将两端分别接于两个电极上，把盛有试样的坩埚放在支架上，用镊子调节下垂的点火丝，使之与煤饼接触(点火丝切勿与坩埚壁接触，以免引起短路)。弹筒中加入 10mL 蒸馏水，拧紧弹筒盖，然后接上氧气导管缓缓充入氧气(充气时间不少于半分钟)，直至氧弹中压力达到 27 个大气压，拆下氧气导管。

3. 内筒加水及氧弹气密性检查。在内筒中加入与标定热容量时相同的内筒水量(一般为 3000mL)，调整内筒初始水温，使之比外筒水温低 0.5℃～1.0℃，使得实验终期内、外筒保持较小的温差，以减少因温差而引起的热量传递误差。

将充好氧气的氧弹放入内筒的水中，使氧弹除充气阀及电极外其余部分都淹没在水中，仔细观察有无漏气现象。如果没有发现气泡逸出，表明氧弹气密性良好，即可开始以下步骤。

4. 装置测试仪器。安装搅拌器及测量内筒温度的贝克曼温度计、测量外筒温度的外筒温度计、测量环境温度的露出柱温度计。其中，贝克曼温度计的插入深度应与热容量标定时贝克曼温度计的插入深度一致(由已知实验仪器常数表上读出)，安上点火栓。以上测试仪器装完后盖上外筒盖。

5. 实验开始初期温度测定。开动搅拌器(注意实验过程中搅拌器始终不能停止)，5～10 分钟后读取内筒初期温度 t_0，初期外筒温度 t_g，初期露出柱温度 t_c，内筒贝克曼温度计要求精确到 0.001℃，其他温度计只要精确到 0.1℃。

6. 点火测温阶段。初期温度读记完毕后，立即点火，同时用秒表计时。注意观察内筒温度的变化情况，如果内筒温度迅速上升，表明点火成功。到 1min 时读记内筒温度 t_1，精确到 0.01℃。以后每隔 1min 记一次内筒温度，准确到 0.001℃，分别记作 $t_1, t_2, t_3, t_4, \cdots, t_{n-1}, t_n$，$t_n$ 为第一个下降温度，称为终期温度。随后记下终期外筒温度 t'_g，初期露出柱温度 t'_c。

7. 收集弹筒洗液。停止搅拌，从内筒中取出氧弹，开启放气筒，用导管把燃烧废气缓缓引入装有适量 NaOH 标准溶液的三角烧瓶中，吸收废气中的雾状硫酸和硝酸。放气过程不少于 1min。放气完毕后，拧开弹筒盖，观察坩埚内试样的燃烧情况，如果有燃烧不完全则说明试验失败，应重做；如果燃烧完全，用蒸馏水冲洗弹筒各部位，将所有洗液都收集在三角烧瓶中。

8. 将上述洗液加热到 60℃左右，加甲基红指示剂数滴，用浓度为 0.1mol/L 的 NaOH 标准溶液滴定到中和点。记下 NaOH 溶液的总消耗量 V(ml)。

9. 称出残余点火丝的重量。

10. 倒掉内筒的水，清洗氧弹，所有仪器归位，经老师检查后离开实验室。

五、实验报告要求

1. 记录以下实验参数

量热系统热容量　$K=$_____ J/℃　　　　试样重量　$G=$_____ g

点火丝原重：____g　　　　　　　　　残余点火丝重量：____g

热容量标定时露出柱平均温度 t_c'＝____℃

初期温度：　　　　　　　　　　终期温度：

内筒：t_0＝____℃　　　　　　t_n＝____℃

外筒：t_g＝____℃　　　　　　t_g'＝____℃

露出柱：t_c＝____℃　　　　　t_c'＝____℃

点火期温度：

t_1＝____℃　　t_2＝____℃　　t_3＝____℃

t_4＝____℃　　t_5＝____℃　　t_6＝____℃

t_7＝____℃　　t_8＝____℃　　t_9＝____℃……

实验时的露出柱长度：L＝____℃（贝克曼温度计读数减去它的插入深度）

贝克曼温度计的温度校正系数：h_0＝____℃　　h_n＝____℃

（根据 t_0 和 t_n 查贝克曼温度计的温度校正系数）

冷却校正常数：k＝____　　　搅拌热常数：A＝____

滴定消耗的 0.1mol/L NaOH 溶液的体积 V＝____ ml。

2. 发热量计算

(1)按式(10－1)计算弹筒发热量 Q_{DT}；

(2)按式(10－6)计算高位发热量 Q_{GR}；

(3)按式(10－7)计算低位发热量 Q_{net}。

六、实验问题与思考

1. 什么是煤的发热量？测定煤的发热量有何作用？
2. 什么是煤的氧弹发热量？它与煤的恒容高位发热量有什么关系？
3. 高位发热量与低位发热量之间如何换算？

实验十一　偏光显微镜及单偏光显微镜下的光学性质

一、实验目的

1. 了解偏光显微镜的构造，并掌握一些基本的调试方法；

2. 认识晶体在单偏光下的性质。

二、实验原理

（一）偏光显微镜的构造

偏光显微镜的型号繁多，但其主要构成为机械系统、光学系统和附件部分。

1. 机械系统

镜座：承担偏光显微镜的全部质量，支承镜体。

镜臂：镜臂的上部有镜筒，下部连有载物台和照明系统。镜臂与镜座之间靠一铰链相连，可以活动及倾斜，但不易倾斜过大，以免显微镜翻倒。

锁光圈：（光阑）位于下偏光镜之上，可以开合，以调节视域的亮度。

载物台：是一个可以转动的圆盘，边缘有高刻度，并装有游标尺，可读出转动的角度。中央的圆孔，是通过光线的光路。

镜筒：附着在镜臂上，通过粗调螺丝和微调螺丝，可调节显微镜的焦距。微动螺丝上有刻度，每转动一小格，可使镜筒上下移动 0.012mm，镜筒上有试板孔、上偏光孔、勃氏镜、下端接物镜、上端接目镜。

2. 光学系统

反光镜：是一双面镜，一面是平的，一面是凹的，凹面可捕获较多的光线。

下偏光镜：（起偏镜）可以转动，以调节与上偏光镜振动方向正交或平行。来自反光镜的自然光经下偏光镜后，变为平面偏光。下偏光镜的振动方向通常用 $P—P$ 表示。

聚光镜（拉索透镜）：可把来自下偏光镜的平面光聚为锥形偏光，在单偏光镜下观察时，可增加视域的亮度。

物镜：偏光显微镜至少要有 3 个物镜，多时可达 7 个。物镜的放大倍数，决定于光学镜筒长度和接物镜的焦距。

光学镜筒长度＝接物镜的后焦平面到接目镜的前焦平面的长度。这个长度实际上很难测定，常用机械筒长来代替。

机械筒长＝目镜上端到物镜的长度。

物镜的放大倍数＝机械筒长/物镜的焦距。

国产偏光显微镜的机械筒长一般为 160mm。

目镜：一般有 2 个，一个为 5 倍，一个为 10 倍，使用 10 倍的目镜，视域大些但较暗；5 倍的目镜，视域较小，但视域亮一些。目镜中带有十字丝，一般应使目镜十字丝和操作者成平行、垂直的方向。

上偏光镜(检偏镜)：一般位于镜筒中，通常上偏光镜的振动方向用 $A—A$ 表示，在观察时，一般应使上偏光镜的振动方向与下偏光镜垂直。

勃氏镜：为一放大镜，用于锥光镜下观察晶体的干涉图像，起放大作用，偏光显微镜的放大倍数＝目镜×物镜。

3. 附件

石英楔：用于测量光程差，补色，能产生 1～3 级的干涉色。

石膏试板：用于测定一级黄以下的矿物的光率体轴名。石膏试板可产生一级紫红干涉色。

云母试板：用于矿物光率体轴名的测定，它产生一级灰干涉色。

此外，还有物台微尺、目镜微尺、机械台，这些用于测定矿物的粒度和质量分数。有的产品还包括二色试板、贝瑞克补色器、显微摄影仪、高温物镜、高温载物台等。

(二)偏光显微镜的使用

1. 对光

(1)装上低倍物镜或中倍物镜(不用高倍物镜)，按上目镜；

(2)打开锁光圈，拉出上偏光镜、勃氏镜和聚光镜；

(3)轻轻转动反光镜，直至视域最亮为止。

2. 准焦

(1)将矿物薄片用弹簧夹夹在载物台上，要让有盖玻璃的一面向上。

(2)从侧面观察镜头，转动粗动螺丝，使镜头筒下降至最低位置(几乎和薄片贴近)。绝对不允许一面看目镜，一面转动螺丝下降镜筒来调焦。这样，极易使物镜和薄片相撞，会撞碎薄片或碰坏镜头。

(3)从目镜中观察，上调粗动螺丝，至视域中出现图像，并尽可能用粗动螺丝将图像调得清楚些。

(4)换用微调螺丝将图像调清晰。

3. 校正中心

偏光显微镜在工作时，物镜中轴、物台旋转轴必须在一条直线上。每次装卸镜头，都会使以上二轴不在一条直线上，因此，需要校正。参见图 11－1。

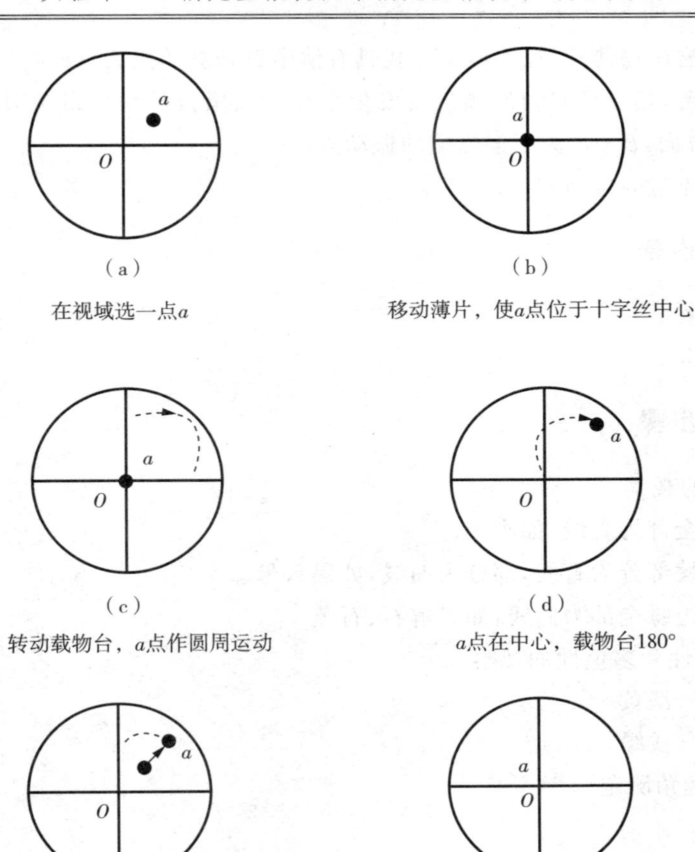

图 11－1　偏光显微镜中心校正示意图

① 检查物镜是否装在正确位置上，若位置安装不对，则无法校正中心。

② 在视域中任选一点，移动薄片，使该点位于十字丝中心。

③ 转动物台 180°，该点在视域内作圆周运动，用调节螺丝将该点向视域中心调节。调节的长度等于视域中心至转 180°后与该点连线的一半。

④ 移动薄片，使该点位于十字丝中心，转动物台，看该点的移动情况。若该点在十字丝中心做旋转运动，则校正完毕。若该点仍围十字丝中心做圆周运动，则仍重复步骤③。

4. 调节上下偏光镜正交

① 轻轻推入上偏光镜。

② 移去载物台的矿物薄片。

③ 转动下偏光镜，直至视域最暗为止。此时，上下偏光镜振动方向已经正交，固定偏光镜。

5. 检验下偏光镜振动方向

① 轻轻推出上偏光镜。

② 装入花岗岩矿物薄片，在视域中寻找具有清晰解理缝的黑云母矿物。

③ 转动载物台，黑云母矿物的颜色要发生变化。当黑云母颜色最深时，此时是黑云母矿物的解理缝的方向，$P—P$ 为下偏光镜的振动方向。

④ 记住下偏光镜的振动方向。

三、实验材料及设备

1. 偏光显微镜。

2. 非金属晶体。

四、实验内容与步骤

1. 晶体形态的观察

自形晶：边棱全部为直线，如刚玉。

半自形晶：边棱部分为直线，部分为曲线，如黑云母。

他形晶：晶体边缘全部为曲线，如方解石、石英。

2. 颜色、吸收性和多色性的观察

黑云母：黑褐—淡黄

角闪石：深绿—浅绿

3. 解理及解理角测定

解理：

① 极完全解理，黑云母；

② 完全解理，如辉石、角闪石、方解石；

③ 不完全解理，如橄榄石、萤石。

解理角测定：

① 选择垂直或近于垂直的两组解理的切面；

② 转动载物台，使一组解理方向与目镜十字丝平行，记下载物台刻度；

③ 转动载物台，使另一组解理方向与同一目镜十字丝平行，记下载物台刻度；

④ 解理角等于二刻度之差。

4. 糙面和突起的观察

负高突起：$N<1.48$，糙面及边缘显著，如萤石。

负低突起：$N<1.48\sim1.54$，表面光滑，边缘不明显，如正长石、磷石英。

正低突起：$N<1.48\sim1.60$，表面光滑，边缘不清楚，如石英。

正中突起：$N<1.60\sim1.66$，表面略显粗糙，边缘清楚，如角闪石、红柱石、莫来石。

正高突起：$N=1.66\sim1.78$，表面糙面显著，边缘明显而且较宽，如辉石、刚玉。

正极高突起：$N>1.78$，糙面显著，边缘很宽，如石榴子石、斜结石。

五、实验报告要求

1. 写出均质体、非均质体和晶质体、非晶质体的区别。

2. 叙述各晶系晶体的光性方位特点。

3. 按下表写出实验报告。

表 11－1　不同矿物在偏光及单片光镜下的光学性质

矿物	晶型	解理及组数	解理角	多色性及吸收性	突起	贝克线移动情况	N
萤石							
石英							
角闪石							
黑云母							
辉石							
刚玉							
方解石							

实验十二　正交偏光显微镜下的光学性质

一、实验目的

1. 认识各级干涉色的特征，掌握各种试板的使用方法和适用范围；

2. 学会测定晶体干涉色级序及测定光率体轴名；

3. 学会测定消光角。

二、实验说明

1. 正交偏光镜装置特点

在实验之前，先检查上、下偏光镜是否正交，并且要求上、下偏光镜的振动方向应与目镜十字丝一致。若上、下偏光镜不正交(视域不黑暗)，或与目镜十字丝又不一致(目镜十字丝应与操作者呈水平、垂直的方向)，则必须调节，使上、下偏光镜正交且与目镜十字丝一致。

2. 试板干涉色的观察

在正交偏光镜下，载物台不放置薄片，从试板孔缓缓插入石英楔，观察石英楔产生的1～3级干涉色的特征。

一级干涉色：从灰黑→灰白→白→淡黄→橙→紫红，一级干涉色没有蓝色和绿色；二级干涉色及二级以上的干涉色的变化规律均为：蓝→绿→黄→橙→红。

从试板孔插入云母试板和石膏试板，观察它们产生的干涉色。

3. 均质体和非均质体消光现象的观察

(1)均质体

将萤石或石榴子石薄片放在载物台上，矿物呈现黑暗。转动载物台，黑暗不发生变化，这是均质体的全消光现象。观察矿物薄片的玻璃或树胶部分，也呈现全消光现象。

(2)非均质体

将非均质体不垂直光轴的晶体切片放在正交偏光镜间，当转动物台时，会出现四次黑暗、四次有颜色的情况，这种现象叫做四次消光。非均质体不垂直光轴的晶体切片在正交偏光镜下，呈现黑暗时的位置，称为消光位。当处于消光位时，晶体切片对应的光率体切面椭圆的长短半轴分别和上下偏光振动方向平行。

非均质体垂直光轴的切片在正交偏光镜下也呈现全消光现象。

4. 矿片光率体轴名及干涉色序级测定

(1)干涉色升高或降低

测定光率体轴名及干涉色序级时，首先要知道，在插入试板后，干涉色是升高还是降低。

石膏试板一般适用于一级淡黄以下的干涉色的测定。使用云母试板，一般是升高或降低一个色序。通常用石英楔测定干涉色序级。测定干涉色升高或降低的方法如下：

① 将预测矿物移至视域中心，转动物台，使其处于消光位，再转动物台 45°，这时矿物的干涉色最鲜明；

② 根据矿物的干涉色选择试板；

③ 插入试板，观察干涉色的变化情况。

如使用石膏试板，一般是升高或降低一个级序：

一级灰→蓝　升高

一级灰→橙或黄　降低

如使用云母试板，按蓝绿黄橙红分析，若由黄→橙（或红），则为升高；若由黄→绿（或黄绿，蓝），则为降低。

(2)光率体轴名的确定

① 将矿物转至消光位，此时矿片光率体切面长短半轴与目镜十字丝重合，如图 12-1(a)。

② 从消光位转动物台 45°，此时视域中矿物的干涉色最鲜明。矿片的光率体长短半轴与目镜十字丝也呈 45°，如图 12-1(b)。

③ 插入试板，根据干涉色的变化判断矿片的光率体轴名，*P*—*P* 插入试板后，同名轴平行，干涉色升高；异名轴平行，干涉色降低，图 12-1(c)。

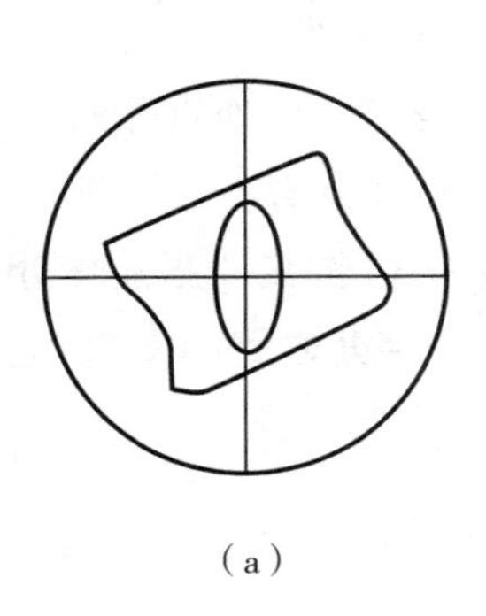
(a)

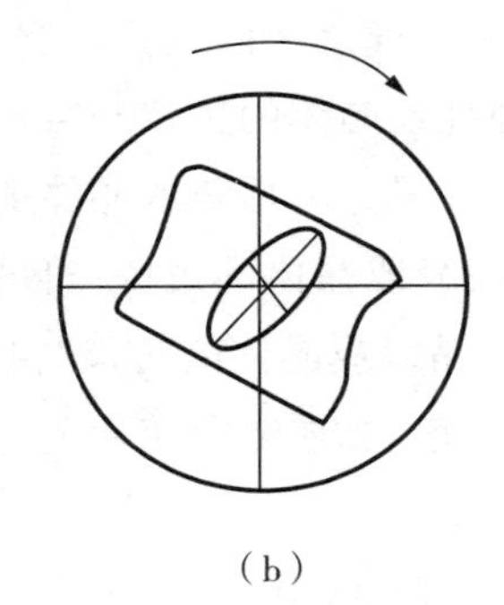
(b)

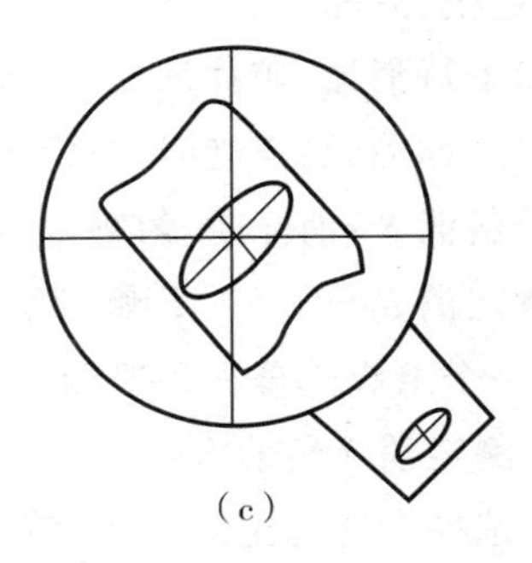
(c)

图 12-1　光率体轴名的确定

(3)测定矿片的干涉色级序

测定矿片的干涉色级序，通常有两种方法，一种为边缘色带法；另一种是利用石英楔测定。

① 边缘色带法

当矿物边缘存在有干涉色色圈或色带时，如果最边缘的色带为一级灰白，可用边缘色带法。此法简单，但有时常碰不到边缘具有色带的矿物颗粒。如图 12-2 所示，则矿物的干涉色为二级绿。

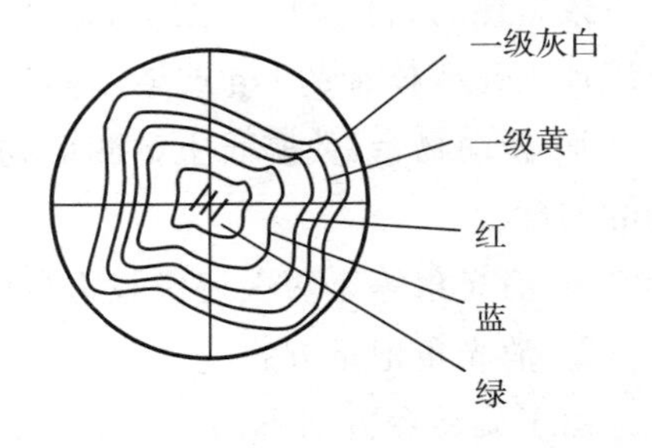

图 12-2　矿片的干涉色级序

② 用石英楔测定

用石英楔测定矿物的干涉色级序，这是最常用的方法，具体步骤如下：

ⅰ 将欲测矿物移至十字丝中心，并旋至消光位。此时矿片光率体轴与上、下偏光镜振动方向平行。

ⅱ 从消光位转动载物台45°，此时矿片干涉色最鲜明，记住矿片的干涉色。

ⅲ 从试板孔缓慢插入石英楔，观察矿片干涉色的变化，此时会有两种情况。

第一种：随着石英楔的插入，矿片的干涉色不断降低，$P—P$ 颜色按红、橙、黄、绿、蓝、红的顺序变化，最后，视域中心的颜色可降为黑色或暗灰色。此时，矿片和试板异名轴平行。

$R_{总}=0$，$R_{矿}=R_{石英楔}$，因二者光程差相互抵消，因而使视域中心矿物的颜色变灰暗或黑，呈消色状态。

第二种：随着石英楔的插入，矿片的干涉色不断升高，干涉色按蓝、绿、黄、橙、红的顺序变化，这时为同名轴平行，$R_{总}=R_{矿}+R_{石英楔}$，因此，应把载物台转动90°，然后，拔出石英楔，再重新慢慢插入直至消色。

ⅳ 移开矿片，此时视域中心石英楔的干涉色即为矿片的干涉色。

ⅴ 慢慢拉出石英楔，观看视域中出现几次红色。矿物的干涉色级序等于出现的红色色带数加1，如原矿物为蓝色，拉出石英楔时出现2次红色，则矿物的干涉色为3级蓝。

5. 消光类型及消光角的测定

非均质体不垂直光轴的晶体切片，在正交镜下会出现4次消光现象。根据在消光位时晶体的边棱、双晶缝、解理缝与目镜十字丝之间的位置，共分为三种类型。

(1)平行消光：矿片消光时，解理缝或晶体的边棱与目镜十字丝平行，如重晶石。

(2)对称消光：消光时，目镜十字丝平分解理角或晶体的角顶，如方解石。

(3)斜消光：消光时，解理缝、双晶缝或晶体的边棱与目镜十字丝斜交。当晶体处于斜消光时，测定消光角。$P—P$ 解理缝、双晶缝或晶体的边棱与目镜十字处之间的交角，也是鉴定晶体的一个组成部分。一般测定消光角，要在定向切片上进行。

① 测定消光角的方法

ⅰ 选择合适的定向切片，将它移到视域中心。

ⅱ 转动物台，使矿片处于消光位，记下载物台的刻度。此时，矿片光率体轴与目镜十字丝一致。此时，目镜十字丝的方向代表了矿片上欲测矿物的光率体椭圆切面的长短半轴，测出矿片上光率体轴的 Ng 或 Np，然后将物台转回原处。

ⅲ 转动物台，使矿石上欲测矿物的解理缝或晶体的连棱与目镜十字丝平行，记下载物台的刻度。

ⅳ 消光角等于两次记录载物台刻度之差。

② 消光角记录方式

由于旋转台方向不同，故对于同一矿物的消光角，可测得互补的2个角度。一般顺时针转动物台测得的消光角为正，逆时针转动物台测得的消光角为负。

三、实验材料及设备

1. 偏光显微镜；
2. 非金属晶体。

四、实验报告要求

1. 说明全消光与消光的区别；
2. 叙述补色板及各种试板的适用范围；
3. 按表 12 - 1 记录实验数据。

表 12 - 1　不同矿物在正胶偏光镜下的光学性质

矿物名称	干涉色级序	消光类型	矿片在 45°位时光率体轴的位置和轴名	消光角
萤石				
方解石				
红柱石				
辉石				
长石				
微斜长石				
磷石英				
斜长石				

实验十三　锥光显微镜下的光学性质

一、实验目的

1. 了解锥光显微镜的装置及特点；

2. 认识一轴晶各种类型干涉图的形象特点；

3. 认识二轴晶垂直锐角等分线干涉图的表象特点；

4. 学会应用一轴晶垂直光轴切片、斜交光轴切片、二轴晶垂直锐角等分线切片干涉图，测定光性正负。

二、实验说明

1. 锥光显微镜的装置及特点

在正交偏光的基础上，再加上载物台与下偏光镜间的聚光镜，换用高倍物镜，同时推入勃氏镜或去掉目镜，便构成锥光系统装置。矿物晶体的轴性、光性正负、光轴角大小等光学性质，都需在锥光系统下进行研究。

2. 一轴晶垂直光轴切片干涉图的形象特点

由一个黑十字与干涉色色圈组成。黑十字由平等上、下偏光镜振动方向 $A—A$、$P—P$ 的两根黑带互相正交而成。两根黑带的中心部分往往较窄，而边缘部分较宽；黑十字交点位于视域中心，即光轴出露点。干涉色色圈以黑十字交点为中心，成同心环状，其干涉色级序愈外愈高，干涉色色圈愈外愈宽。旋转载物台干涉色色圈形象不变，如图 13－1 所示。

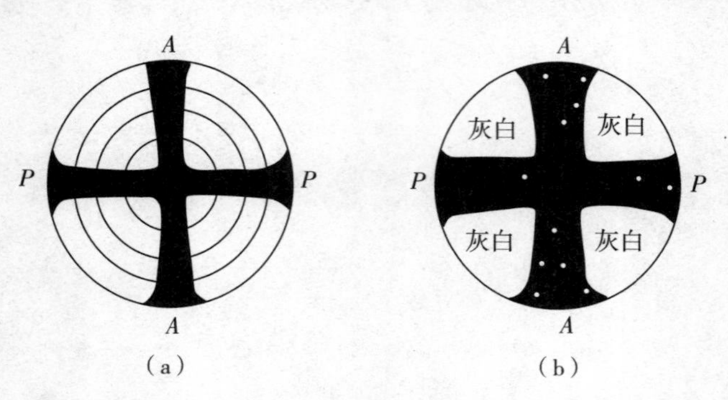

图 13－1　一轴晶垂直光轴切片的干涉图

3. 一轴晶斜交光轴切片干涉图的形象特点

在斜交光轴的切片中，光轴在矿片中的位置是倾斜的。光轴的矿片平面上的露点（黑十字交点）不在视域中心，所以斜交光轴切片的干涉图像由不完整的黑十字与不完整的干涉色色圈组成，如图 13－2(a)所示。如果光轴的位置在视域内，则在视域内可看到黑十字中心，但不在十字丝中心；如果光轴的位置在视域之外，则在视域中只能看到黑十字的一条黑带，而看不到黑十字中心，如图 13－2(b)所示。

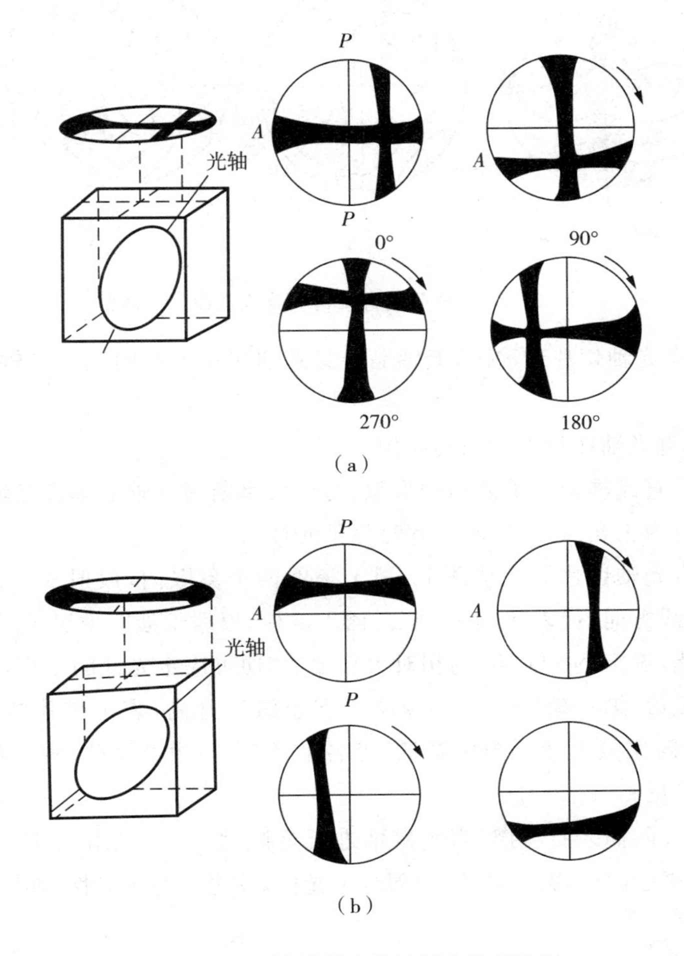

图 13－2　一轴晶斜交光轴切片的干涉图

4. 二轴晶垂直锐角等分线的干涉图形象特点

当光轴面与上、下偏光镜振动方向之一平行时，干涉图由一个黑十字积倒八字形干涉色圈组成，黑十字的两根黑带粗细不等，在光轴面方向的黑带较细，尤以光轴出露点处最细；垂直光轴面方向即 Nm 方向，黑带较宽；黑十字中心为 Bxa 出露点，位于视域中心。倒八字形干涉色圈由内向外逐渐过渡为椭圆。

转动载物台，黑十字从中心分裂成两个弯曲的黑带。当光轴面与上、下偏光振动方向成 45°时，双曲线顶点距离最近。双曲线顶点为光轴(*OA*)的出露点。双曲线突向 Bxa 出露点，双曲线连线的方向代表江轴面与矿片平面的光线。

若继续转动物台，双曲线顶点逐渐向中心转动，到 90°位置，又合成黑十字，但粗细黑带的位置已经更换；继续转动物台，黑十字双分裂。

在转动载物台时，干涉色圈随光轴出露点移动，其形状不发生变化，如图 13－3 所示。

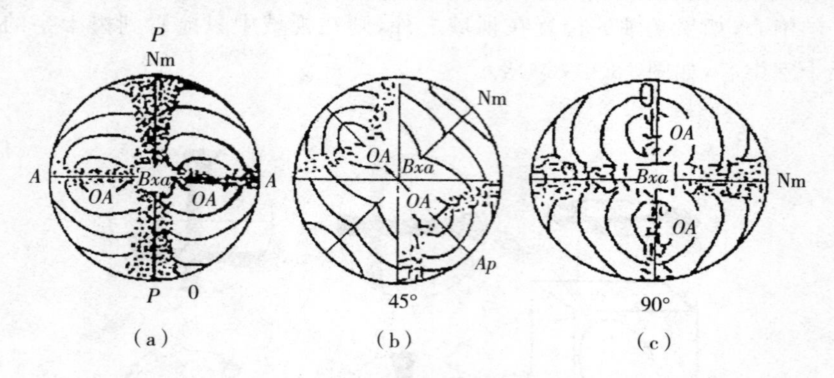

图 13－3　二轴晶垂直锐角等分线切面的干涉图

5. 一轴晶垂直光轴切片干涉图、上轴晶斜交光轴切片干涉图以及二轴晶垂直锐角等分线干涉图的应用

(1)一轴晶垂直光轴切片干涉图的应用

根据一轴晶垂直光轴切片干涉图的形象特点，可判断为一轴晶垂直光轴切片。

当 Ne＞No 时为正光性，当 Ne＜No 时为负光性。

在一轴晶垂直光轴切片的干涉图上，黑十字的四个象限内，放射线方向，代表 Ne 的方向；同心圆圈的切线方向，代表 No 的方向。插入试板，根据干涉图中黑十字四个象限内干涉色级序升降的变化，确定 Ne 与 No 的相对大小之后，便可决定光性的正负。

加入石膏试板后，第一象限和第三象限干涉色级序升高，表示矿片与试板同名半径平行；第二象限和第四象限干涉色级序降低，异名半径平行，由此证明 Ne＞No，故属正光性。负光性情况与此相反。

若干涉图有色环，插入石英楔，当慢慢推进石英楔时，一、三象限色环由外向中心移动，二、四象限色环由中心向外移动，则 Ne＝Ng，正光性，反之则为负光性，如图 13－4 所示。

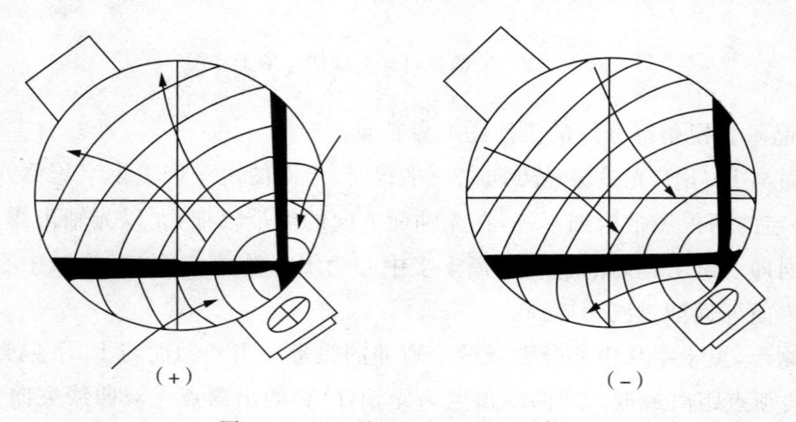

图 13－4　一轴晶光性正负的测定

(2)一轴晶斜交光轴切片干涉图的应用

当干涉图中，黑十字交点(光轴出露点)在视域内时，测定的方法与垂直光轴切片完全相

同。如果干涉图中，黑十字中心在视域之外，转动物台，根据黑带的移动规律，可找出黑十字交点在视域外的位置，在属于黑十字的那一象限，然后即可按垂直光轴切片的方法，测定光性正负。

(3)二轴晶垂直锐角等分线干涉图的应用

在二轴晶矿物晶体中，当 Bxa＝Ng 时为正光性，当 Bxa＝Np 时为负光性。因此，确定光性正负，只要确定 Ng 或 Np 即可。

测定光性正负时，最好使光轴面与上、下偏光镜振动方向成 45°夹角。此时干涉图为二双曲线黑带，视域中心为 Bxa 出露点，双曲线顶点为二光轴出露点；二光轴出露点的连线为光轴面与切片的光线，垂直光轴面的方向为 Nm。在光轴面的迹线上，二光轴点内外的光率体椭圆长短半径分布情况，因光性正负不同而不同，如图 13－5 所示。

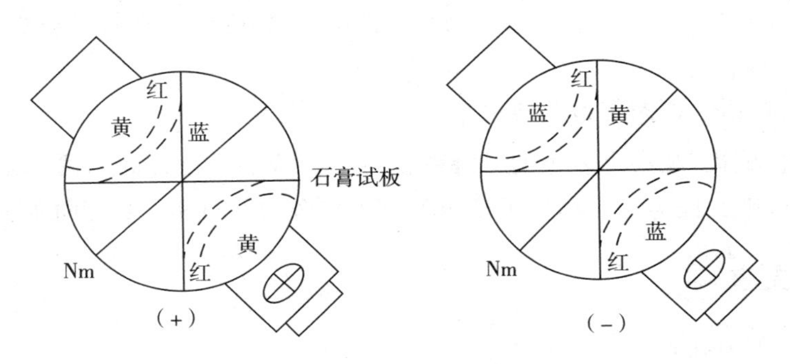

图 13－5　二轴晶垂直锐角等分线干涉图的光性测定

三、实验材料及设备

1. 制备好的矿物薄片；
2. 透射光偏光显微镜。

四、实验内容与步骤

1. 锥光镜下观察的操作程序如下：

(1)用高倍物镜(40×或 45×)，并小心对准焦点(高倍物镜工作距离短，准焦时要特别小心，否则容易压碎薄片，损坏镜头)。

(2)仔细校正物镜中心。

(3)在矿片中选择欲测的矿物颗粒(尽可能找较大的干涉色较低的颗粒)，移至视域中心(如为单矿物定向切片可按此步骤)。

(4)加入聚光镜并升到最高位置(注意不要顶住薄片)。

(5)推入上偏光镜及勃氏镜即能看到干涉图。当不用勃氏镜时，则去掉目镜也能看到干涉图。

如果发现视域内有障碍物(如窗格、树枝等)影响观察干涉图，可移动反光镜让障碍物排出视域。

2. 观察高铝酸钠垂直光轴切片干涉图的形象特点，并测定光性符号。

(1)取薄片于物台上，准焦，观察高铝酸钠垂直光轴切片干涉图。

(2)插入选定的试板，根据各个象限干涉色的变化确定光性正负。

测定光性符号时，可视具体情况使用补色器。一般是色圈多时用云母试板或石英楔较合适，色圈少或只具一级灰时用石膏试板较为合适。操作熟练后使用任何补色器都可以。

3. 观察方解石斜交光轴切片干涉图，并测定其光性正负。

(1)取薄片于载物台上，准焦。一定要找干涉色低、颗粒比较大(几乎占满整个视域)的矿物颗粒，然后按锥光观察的程序操作，观察干涉图。

(2)插入石膏试板，确定光性干涉图，并测定光性符号。

4. 观察白云母切片的干涉图，并测定光性符号。

(1)取薄片于载物台上，观察白云母切片干涉图，旋转物台观察其形态变化。

(2)光性正负的测定：

① 转动物台，使干涉图为双曲线黑带。

② 插入石膏试板，观察干涉色的升降变化情况。若干涉色升高的两象限连线方向与试板 Ng 方向一致，则光性为正；反之，干涉色升高的两象限与试板 Ng 方向垂直，则光性为负。

五、实验报告要求

将矿物特征填写在表 13－1 中。

表 13－1 不同矿物在锥光显微镜下的光学性质

矿物名称	干涉图特点素描	插入试板后现象	光性正负
高铝酸钠			
方解石			
白云母			

实验十四　钢材成分、热处理工艺与性能之间关系的认识

一、实验目的

1. 初步了解热处理工艺(退火、正火、淬火、回火)的基本操作方法；
2. 初步了解在相同热处理条件下,碳钢的含碳量与硬度之间的关系；
3. 初步了解在成分相同的条件下,热处理工艺对硬度的影响；
4. 掌握测量硬度的方法。

二、实验说明

在纯铁中加入2.11%以下的碳,即为碳钢。碳钢的性能除了与生产条件和含碳量有关外,还与其热加工工艺有密切的关系。钢的热处理是指将钢在固态下施以不同的加热、保温冷却,以改变其组织和性能的一种工艺。普通热处理有退火、正火、淬火、回火等。现用锯条作演示,观察“四火”的差异。

三、实验材料及设备

1. 加热炉、淬火水槽、淬火油槽、布氏硬度计、洛氏硬度计、读数显微镜、砂轮机等。
2. 锯条、20钢、45钢、T8钢或T12钢试样。

四、实验内容与步骤

(一)热处理工艺实验

1. 退火:加热到780℃,保温10s后,随炉冷却,此时锯条柔软,极易弯曲。

2. 正火:加热到780℃,保温10s后,出炉在静止的空气中冷却,此时锯条较硬,仍可弯曲,但反复几次后就断成两截。

3. 淬火:加热到780℃,保温10s后,迅速出炉在水中或油中冷却,此时锯条性能又硬又脆,极易折断。

4. 回火:把淬火后的锯条,再加热到420℃,保温1h后,出炉在空气中冷却,此时锯条韧性高,脆性降低。

(二)硬度实验

生产中常用的硬度有布氏硬度和洛氏硬度两种。

1. 布氏硬度:主要设备有布氏硬度计和读数显微镜。常用HB—3000型布氏硬度计。

实验时，将试样放到载物台上，选择一载荷 P（公斤）加载，把直径 D（mm）的钢球，压入试样表面并保持一定时间，然后卸去载荷，用读数显微镜（20×）测出压痕直径 d（mm），查表即得硬度值（见附录Ⅱ）。

注意：布氏硬度计只能测量硬度较软的退火、正火工件，不能测量硬度较硬的淬火、回火工件。

2. 洛氏硬度：主要设备有洛氏硬度计。一般常用 HR—150A 型洛氏硬度计，其原理是测量试样表面"残留"的压印深度。

最常用的两种洛氏硬度为：

(1)HRC——压头为金刚石圆锥体，沿直径截面的顶角为 120°，总载荷为 150 公斤，适用于淬火钢、回火钢、钛合金等硬度较高的试样。

(2)HRB——压头采用直径为 1.6mm 的钢球，总载荷为 100 公斤，适用于退火钢、铜合金、铝合金等硬度较软的试样。硬度值可直接从硬度计的表盘刻度上读出。

洛氏硬度的压印很小，可测较薄材料，但对铸铁、轴承合金等材料，不宜采用。

全班分成四组，进行下列实验：

(1)锯条的热处理演示。

(2)每组领取 3 个退火试样，测量布氏硬度。

(3)每组领取 4 个试样（经淬火和不同温度回火），测量洛氏硬度。

五、实验报告要求

把硬度值记录在表 14－1 和表 14－2 中。

表 14－1　不同成分钢退火后的硬度

材　　料	20	45	T8(T12)
布氏硬度 HB			

表 14－2　45 钢淬火及回火后的硬度

热处理工艺	正常淬火 840℃	低温回火 180℃	中温回火 420℃	高温回火 600℃
洛氏硬度 HRC				

六、实验问题与思考

1. 在相同的热处理条件下，含碳量对钢材性能有何影响？

2. 成分相同的钢材，在不同的热处理条件下，性能有何变化？

实验十五　金相显微镜的构造与使用

一、实验目的

1. 了解金相显微镜的构造；

2. 掌握金相显微镜的使用方法。

二、实验说明

（一）金相显微镜的构造

光学金相显微镜的构造一般包括放大系统、光路系统和机械系统三部分，其中放大系统是显微镜的关键部分。

1. 放大系统

(1)显微镜的放大成像原理

显微镜的基本放大原理如图 15－1 所示。其放大作用主要由焦距很短的物镜和焦距较长的目镜来完成。为了减少像差，显微镜的目镜和物镜都是由透镜组构成的复杂的光学系

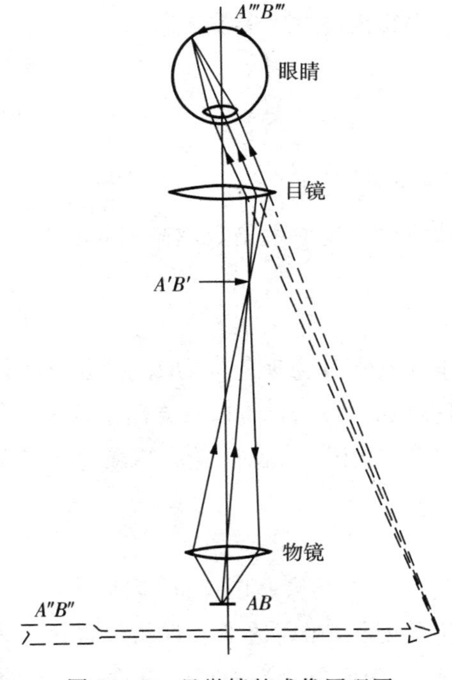

图 15－1　显微镜的成像原理图

统，其中物镜的构造尤为复杂。为了便于说明，图中的物镜和目镜都简化为单透镜。物体 AB 位于物镜的前焦点外，但很靠近焦点的位置，经过物镜形成一个倒立的放大实像 $A'B'$，这个像位于目镜的物方焦距内但很靠近焦点的位置上，作为目镜的物体。目镜将物镜放大的实像再放大成虚像 $A''B''$，位于观察者的明视距离（距人眼 250 毫米）处，供眼睛观察，在视网膜上最终得到实像 $A'''B'''$。

由图 15-1 可知：

物镜的放大倍数

$$M_{物}=\frac{A'B'}{AB}$$

目镜的放大倍数

$$M_{目}=\frac{A''B''}{A'B'}$$

将两式相乘

$$M_{物}\times M_{目}=\frac{A'B'}{AB}\times\frac{A''B''}{A'B'}=\frac{A''B''}{AB}=M$$

由此说明显微镜的总放大倍数 M 等于物镜的放大倍数和目镜的放大倍数的乘积。目前普通光学金相显微镜最高有效放大倍数为 1600～2000 倍。

另外，根据几何光学原理得物镜的放大倍数：

$$M_{物}=\frac{\Delta}{f_{物}}$$

式中，Δ 为光学镜筒长度；$f_{物}$ 为物镜焦距。

因光学镜筒长度为定值，所以物镜放大倍数越高，物镜的焦距就越短，物镜离物体也就越近。

(2)透镜像差

在成像过程中，透镜由于受到本身物理条件的限制，会使映像变形和模糊不清，这种像的缺陷称为像差。在金相显微镜的物镜、目镜以及光路系统设计制造中，虽然会将像差尽量减小，但依然存在。像差有多种，其中对成像质量影响最大的是球面像差、色像差和像域弯曲三种。

① 球面像差

由于透镜表面为球面，其中心与边缘厚度不同，因而来自一点的单色光经过透镜折射后，靠近中心部分的光线偏折角度小，在离透镜较远的位置聚焦；而靠近边缘处的光线偏折角度大，在离透镜较近位置聚焦，因而形成沿光轴分布的一系列的像，使成像模糊不清，这种现象称球面像差，如图 15-2 所示。

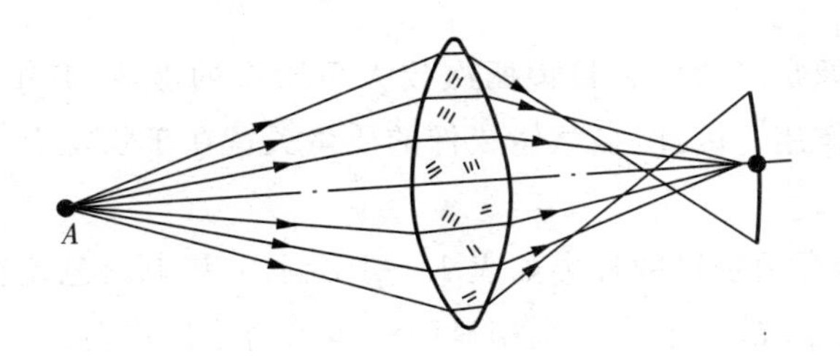

图 15-2　球面像差示意图

球面像差主要靠凸透镜和凹透镜所组成的透镜组来减小。另外，通过加光阑的办法缩小透镜成像范围，也可以减小球面像差的影响。

② 色像差

色像差与光波波长有密切关系。当白色光中不同波长的光线通过透镜时，因其折射角不同而引起像差。波长越短，折射率越大，则焦点越近；波长越长，折射率越小，则焦点越远。因而，不同波长的光线不能在一点聚焦，致使映像模糊，或在视场边缘上见到彩色环带，这种现象称为色像差，如图 15-3 所示。

色像差可以靠透镜组来减小影响，在光路中加滤色片，使白色光变成单色光，也能有效地减小色像差。

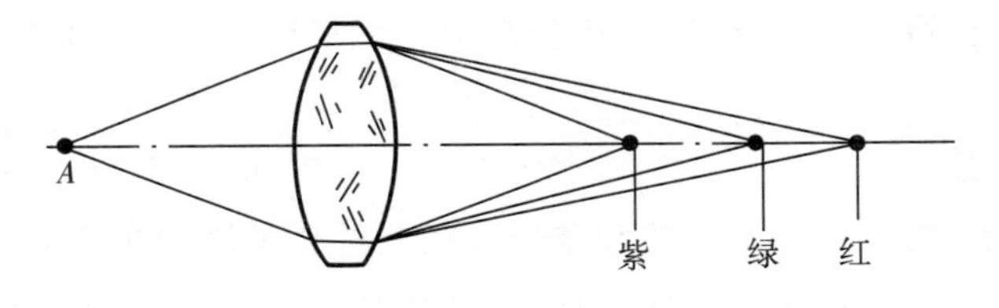

图 15-3　色像差示意图

③ 像域弯曲

垂直于光轴的平面，通过透镜所成的像不是平面，而是凹形的弯曲像面，这种现象叫做像域弯曲，如图 15-4 所示。

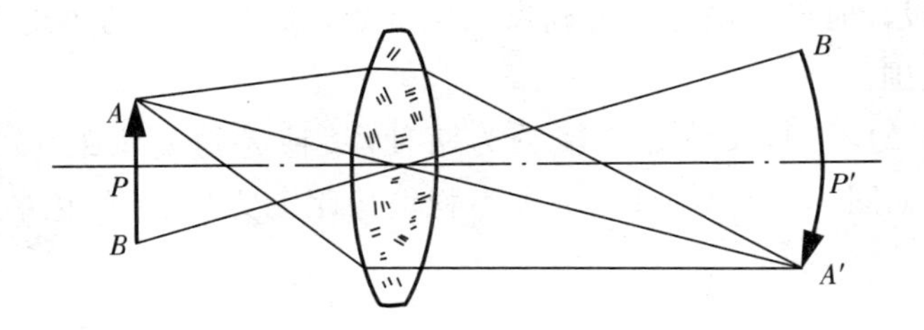

图 15-4　像域弯曲示意图

像域弯曲是由于各种像差综合作用的结果，一般物镜都或多或少的存在，只有校正极佳的物镜才能获得趋近平坦的像域。

(3)物镜

显微镜观察到的像是经物镜和目镜两次放大后所得的虚像,其中目镜仅起到将物镜放大的实像再次放大的作用。因此,显微镜成像的质量关键在于物镜。

① 物镜的种类

按像差校正分类,常用物镜的种类如表 15-1 所示。其中消色差物镜结构简单、价格低廉、像差基本上予以校正,故普通小型金相显微镜多采用这种物镜。

表 15-1 几种常用物镜

物镜名称	标志	对像域中心的校正		对视场边缘的校正
		色像差	球面像差	
消色差物镜	无标志	红绿两波区	黄绿两波区	未校正
复消色差物镜	APO	可见光全波区	绿紫两波区	未校正
平面消色差物镜	PL 或 Llan	红绿两波区	黄绿两波区	已校正

按物体表面与物镜间的介质分类,有介质为空气的干系物镜和介质为油的油系物镜两种。

按放大倍数分类,可以分为低倍、中倍和高倍物镜三种。无论哪种物镜都是由多片透镜组合而成的。

② 物镜上的标志

按国际标准规定,物镜的放大倍数和数值孔径要标在镜筒中央清晰的位置,并以斜线分开,例如,45×/0.63、90×/1.30 等;表示镜筒长度的字样或者符号以及有无盖玻片要标在放大倍数和数值孔径的下方,并以斜线分开,例如,160/—、∞/0 等;表示干系或者油系的字样要标在放大倍数和数值孔径的上方或其他合适的地方。

③ 镜筒长度

光学镜筒长度 Δ 是指物镜后焦点与目镜前焦点的距离。因为该值与显微镜的放大倍数直接相关,因此在设计时已经确定。为确保该值准确,物镜、目镜的焦距以及机械镜筒长度都有严格的公差范围。

根据物镜像距的不同,又将显微镜分为两种,一种为物镜像距 150mm、机械镜筒长 160mm 的显微镜,如图 15-5 所示;另一种为物镜像距无穷远、镜筒内装有透镜的显微镜,如图 15-6 所示。

④ 盖玻片

盖玻片是置于被测物体与物镜之间的无色透明玻璃薄片,按国际标准规定,盖玻片分为矩形和圆形两种。物镜上标有 160/—时说明盖玻片用不用均可,标有 160/0 时说明不用盖玻片。金相显微镜一般不用盖玻片,用盖玻片的一般指生物显微镜。

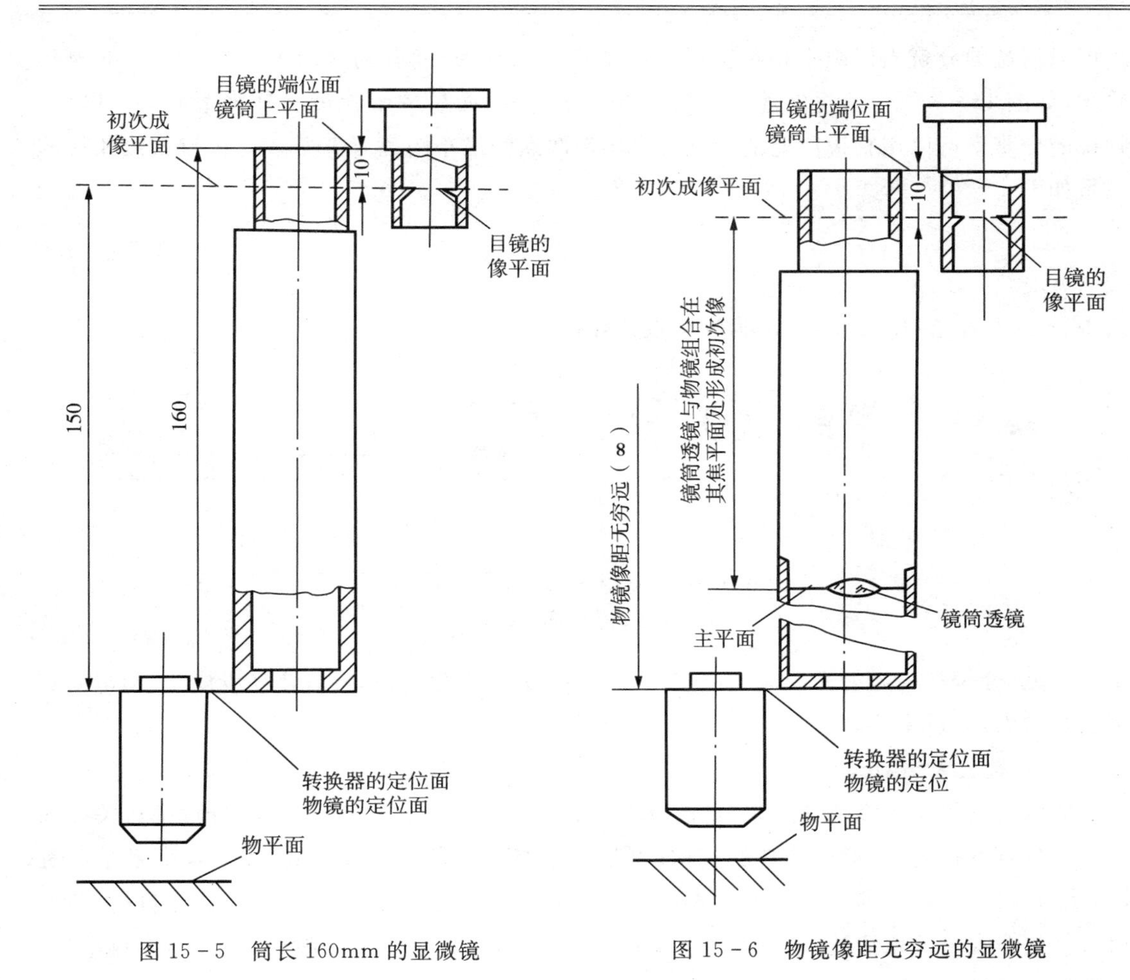

图 15 - 5　筒长 160mm 的显微镜　　　　图 15 - 6　物镜像距无穷远的显微镜

⑤ 数值孔径(Numerical Aperture,以符号 N · A 表示)

表征物镜的聚光能力,其值大小取决于进入物镜的光线锥所张开的角度,即孔径角的大小:

$$N\cdot A = n\sin\theta$$

式中,n 为试样与物镜间介质的折射率,空气介质 $n=1$,松柏油介质 $n=1.515$;θ 为孔径角的半角,如图 15 - 7 所示。数值孔径 N · A 值的大小标志着物镜分辨率的高低。干系物镜 $n=1$,$\sin\theta$ 总小于 1,因此 N · A<1;油系物镜 n 值可大于 1.5,所以 N · A>1。

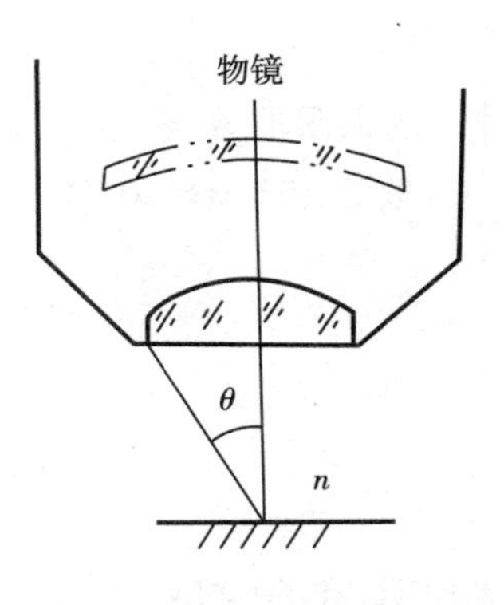

图 15 - 7　孔径角

⑥ 物镜的分辨率

显微镜的分辨率主要取决于物镜,分辨率的概念与放大倍数不同。可以做这样一个实验:用两个不同的物镜在同样放大倍数下观察同一细微组织,能得到两种不同的效果,一个可以清楚的分辨出组织中相距很近的两个点；另一个只能看到这两个点连在一起的模糊轮廓，如图 15-8 所示。显然前一个物镜的分辨率高，而后一个物镜的分辨率低。所以说，物镜的分辨率可以用物镜所能清晰分辨出相邻两点间最小距离 d 来表示。d 与数值孔径的关系如下：

$$d=\frac{\lambda}{2\mathrm{N}\cdot\mathrm{A}}$$

式中，λ 为入射光的波长；N · A 为物镜数值孔径。

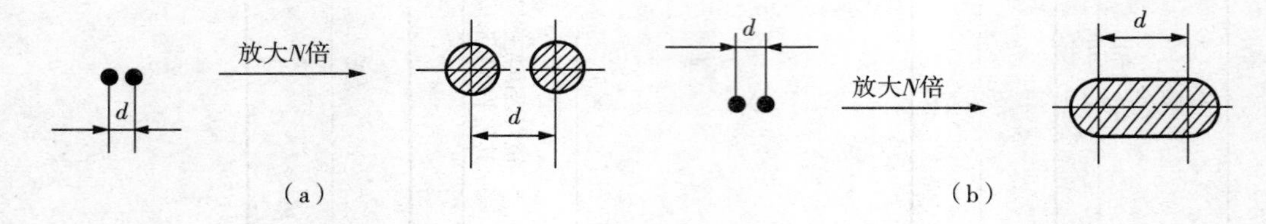

图 15-8　物镜分辨率高低示意图

(a)分辨率高　(b)分辨率低

可见，分辨率与入射光的波长成正比，λ 愈短，分辨率愈高；与数值孔径成反比，物镜的数值孔径愈大，分辨率愈高。

⑦ 有效放大倍数

能否看清组织的细节，除与物镜的分辨率有关外，还与人的眼睛的实际分辨率有关。如果物镜分辨率很高，已形成清晰的实像，可是与之配用的目镜倍数过低，致使观察者难以看清，此为“放大不足”，即未能充分发挥物镜的分辨率。但是，认为选用的目镜倍数愈高，即总放大倍数愈大看的愈清楚，这也是不妥当的。实践证明，超过一定界限后，放大的倍数愈大，映像反而愈模糊，此为“虚伪放大”。

物镜的数值孔径决定了显微镜的有效放大倍数。所谓有效放大倍数是指物镜分辨清楚的距离(d)，被人的眼睛同样能分辨清晰所必须放大的倍数，用 $M_{有效}$ 表示。

$$M_{有效}=\frac{l}{d}=\frac{l}{\frac{\lambda}{2\mathrm{N}\cdot\mathrm{A}}}=\frac{2l}{\lambda}\mathrm{N}\cdot\mathrm{A}$$

式中 l 为人眼的分辨率，在 250mm 处，正常人眼的分辨率为 0.15～0.30mm。

若取 $\lambda=5500\times10^{-7}$ mm(绿光波长)代入上式，则

$$M_{有效(\min)}=\frac{2\times0.15}{5500\times10^{-7}}\mathrm{N}\cdot\mathrm{A}\approx550\mathrm{N}\cdot\mathrm{A}$$

$$M_{有效(\max)}=\frac{2\times0.30}{5500\times10^{-7}}\mathrm{N}\cdot\mathrm{A}\approx1000\mathrm{N}\cdot\mathrm{A}$$

结果说明，在 500N · A～1000N · A 范围内的放大倍数，均为有效放大倍数；小于 500N · A 时，由于受目镜放大倍数不足的限制，未能充分发挥物镜的分辨率；大于 1000N · A 时，可能

会出现虚伪放大现象。然而，随着科学技术的发展，光学零件设计制造日趋完善精良，照明方式不断改进，有些显微镜的有效放大倍数最大可达 2200N · A。这说明上述有效放大倍数的范围并非是严格的界限。

了解有效放大倍数范围对正确选择物镜和目镜的配合十分重要。例如：25 倍的物镜 N · A＝0.40，其有效放大倍数应该在 500×0.40～1000×0.40 倍，即 200～400 倍范围内。因此，应选择 8～16 倍的目镜与该物镜配合使用。

(4)目镜

常用的目镜按其构造可分为五种。

① 负型目镜

负型目镜以福根目镜为代表，如图 15－9 所示。

(a)

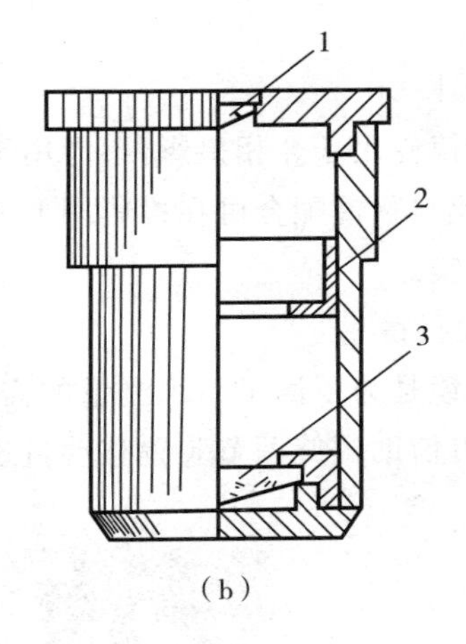

(b)

图 15－9　负型目镜

(a)实体　(b)剖面图

1—目透镜；2—光阑；3—场透镜

福根目镜是由两片单一的平凸透镜并在中间加一光阑组成。接近眼睛的透镜称为目透镜，起放大作用；另一透镜称场透镜，能使映像亮度均匀。中间的光阑可以遮挡无用光，提高映像清晰度。福根目镜并未对透镜像差加以校正，故只适于和低倍镜或中倍消色差物镜配合使用。

② 正型目镜

正型目镜以雷斯登目镜为代表，如图 15－10 所示。

雷斯登目镜也是由两片凸透镜组成，所不同的是光阑在场透镜的外面。这种目镜有良好的像域弯曲校正，球面像差也比较小，但色像差比福根目镜严重。另外，在相同放大倍数下，正型目镜的观察视场比负型目镜略小。

③ 补偿目镜

补偿目镜是一种特制的目镜，结构较上述两种复杂。与复消色差物镜配合使用，可以补偿校正残余色差，得到全面清晰的映像，但不宜与普通消色差物镜配合使用。

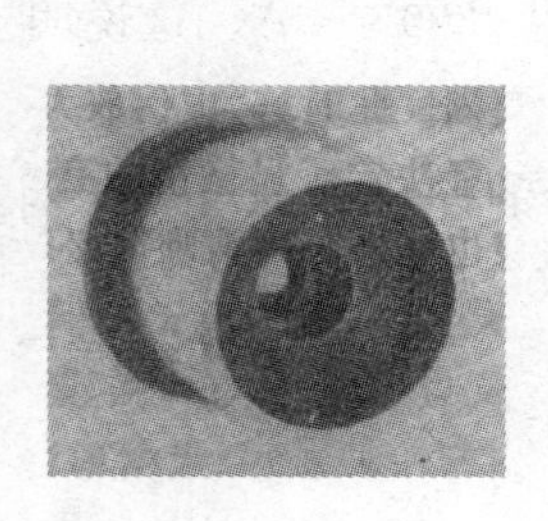
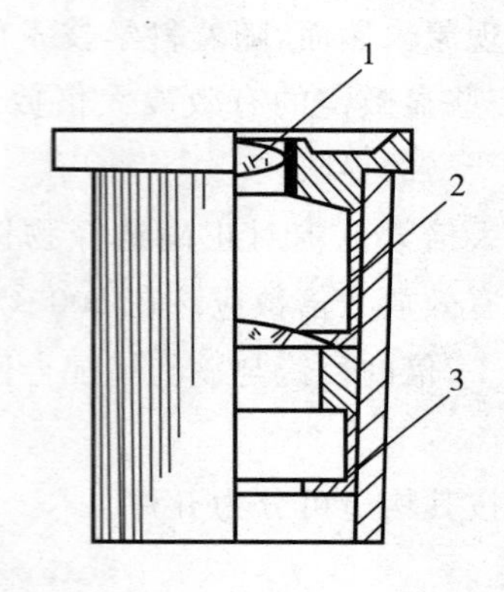

图 15-10　正型目镜

1—目透镜；2—场透镜；3—光阑

④ 摄影目镜

摄影目镜专用于金相摄影，不能用于观察。由于对透镜的球面像差、像域弯曲均有良好的校正，因此与物镜配合可在投影屏上形成平坦、清晰的实像。凡带有摄影装置的显微镜均配有摄影目镜。

⑤ 测微目镜

测微目镜是为了满足组织测量的需求而设置的，内装有目镜测微器。为看清目镜中标尺的刻度，可借助螺旋调节装置移动目透镜的位置。如图 15-11 所示。

（a）

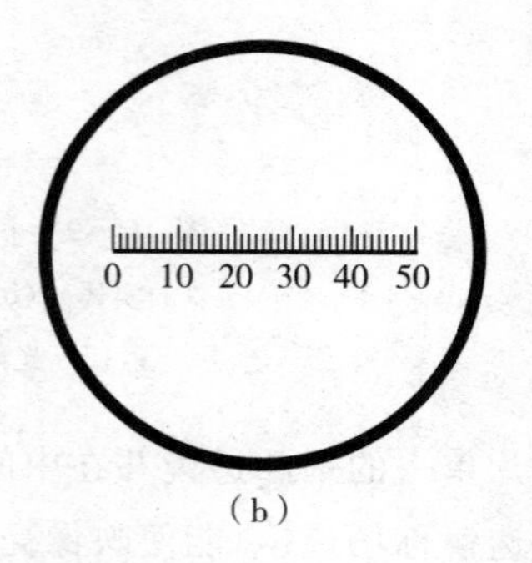

（b）

图 15-11　测微目镜

(a)实体　(b)目镜测微器

测微目镜与不同放大倍数的物镜配合使用，测微器的格值是不同的。标定格值需要借助物镜测微尺（即 1mm 距离被等分成 100 格的标尺）。标定方法如下：首先利用测微目镜上的螺旋装置将视场中目镜测微器的刻度调至最清楚，然后将物镜测微尺作为试样成像于视场中，这样视场中可同时看到两个标尺，如图 15-12 所示。

仔细将物镜测微尺的 n 个格与目镜测微器的 m 个格对齐。已知物镜测微尺的 1 格为 0.01mm，则目镜测微器在此具体情况下的格值 l 为：

$$l=\frac{n\times 0.01}{m}\text{mm}$$

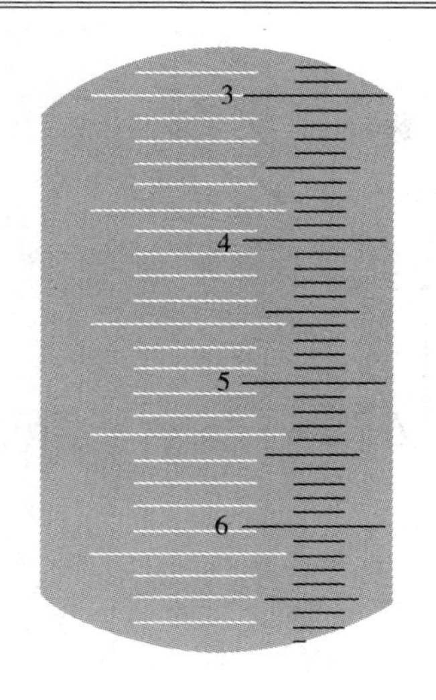

图 15－12 视场中的两个标尺

黑格：目镜测微器；白格：物镜测微器

例如，图 15－12 中的标尺，目镜测微器(黑格)35 格与物镜测微尺(白格)22 格刚好对齐，故

$$l=\frac{22\times 0.01}{35}\text{mm}\approx 0.063\text{mm}$$

求出 l 值后，当知道被测距离的格数时，就不难算出被测距离的尺寸了。

⑥ 目镜上的标志

普通目镜上只标有放大倍数，如 5×、10×、12.5×等。补偿目镜上还标有一个“K”字，如 K10×、K30×等。

2. 光路系统

小型金相显微镜，按光程设计可分为直立式和倒立式两种类型。试样磨面向上、物镜向下的为直立式显微镜，试样磨面向下、物镜向上的为倒立式显微镜，如图 15－13 所示。

以倒立式显微镜为例，光源发出的光经过透镜组投射到反射镜上，反射镜将水平走向的光变成垂直走向，自下而上穿过平面玻璃和物镜投射到试样磨面上，反射进入物镜的光又自上而下照到平面玻璃上，反射后水平走向的光束进入棱镜，通过折射、反射后进入目镜。

(1)光源

金相显微镜和生物显微镜不同，必须有光源装置。作为光源的有低压钨丝灯泡、氙灯、碳弧灯和卤素灯等。目前，小型金相显微镜用得最多的是 6～8V、15～30W 的低压钨丝灯泡。为使发光点集中，把钨丝制成了小螺旋状。

(2)光源照明方式

光源照明方式取决于光路设计，一般采用临界照明和科勒照明两种。所谓临界照明方式即光源被成像于物平面镜上，虽然可以得到最高的亮度，但对光源本身亮度的均匀性要求很高。科勒照明方式即光源被成像于物镜后焦面(大体在物镜支承面位置)，由物镜射出的是平行光，既可以使物平面得到充分照明，又减少了光源本身亮度不均匀的影响，因此目前

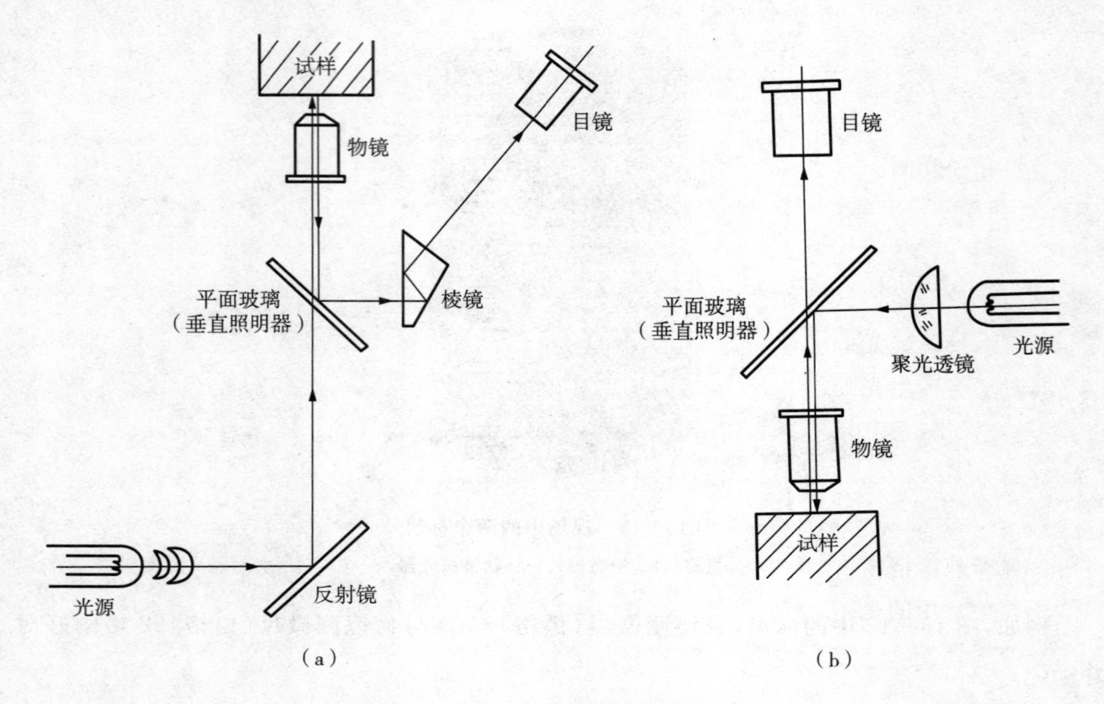

图 15－13　金相显微镜光程示意图

(a)倒立式　(b)直立式

应用较多。

(3)垂直照明器

垂直照明器是光学金相显微镜必不可少的装置，其作用是使光路垂直换向，如图 15－14 所示。

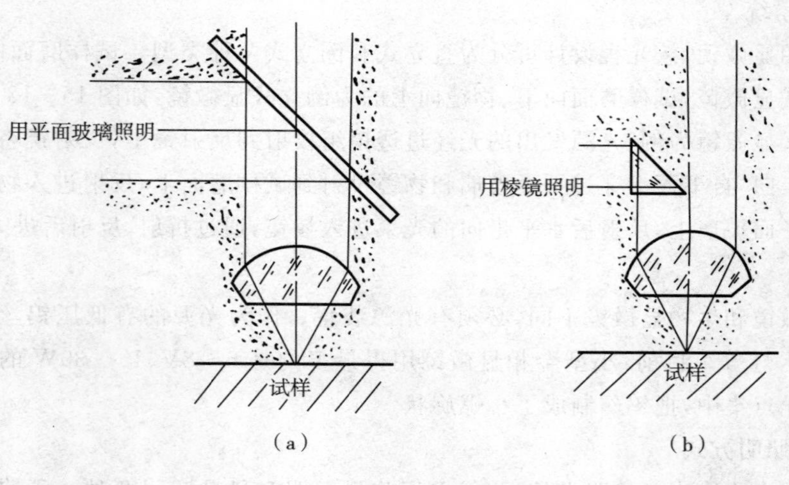

图 15－14　垂直照明器

(a)平面玻璃　(b)棱镜

两种垂直照明器各有优缺点。用平面玻璃时，由于光线充满了物镜后透镜，使得映像清晰、平坦，但光线损失很大(用透射光时的反射部分和用反射光时的透射部分均损失部分光线，实际上只用了大约 1/4 部分)。改用棱镜可以弥补这一缺点，但映像质量较差，多用于低倍观察。

(4)孔径光阑

孔径光阑位于靠近光源处，用来调节入射光束的粗细，以便改善映像质量。在进行金相观察和摄影时，孔径光阑开得过大或过小都会影响映像的质量。过大，会使球面像差增加，镜筒内反射光和炫光也增加，映像叠映了一层白光，显著降低映像衬度，组织变得模糊不清；过小，进入物镜的光束太细，减小了物镜的孔径角，使物镜的鉴别率降低，无法分清细微组织，同时还会产生光的干涉现象，导致映像出现浮雕和叠影而不清晰。因此，孔径光阑张开的大小应根据金相组织特征和物镜放大倍数随时调整，以达到最佳状态。

(5)滤光片

作为金相显微镜附件，常备有黄、绿、蓝色滤光片。合理选用滤光片可以减少物镜的色像差，提高映像清晰度。因为各种物镜的像差，在绿色波区均校正过，绿色又能给人以舒适感，所以最常用的是绿色滤光片。

(6)视场光阑

视场光阑的作用与孔径光阑不同，其大小并不影响物镜的鉴别率，只改变视场的大小。一般应将视场光阑调至全视场刚刚露出时，这样在观察到整个视场的前提下可以最大限度地减少镜筒内部的反射光和炫光，以提高映像质量。

(7)映像照明方式

金相显微镜常用的映像照明方式有两种，即明场照明和暗场照明。

① 明场照明方式

明场照明方式是金相分析中最常用的。光从物镜内射出，垂直或接近垂直地投向物平面。若照到平滑区域，光线必将被反射进入物镜，形成映像中的白亮区；若照到凹凸不平区域，绝大部分光线将产生漫射而不能进入物镜，形成映像中的黑暗区。

② 暗场照明方式

在鉴别非金属夹杂物透明度时，往往要用暗场照明方式。光源发出的光，经过透镜变成一束平行光，又通过环形遮光板，将中心部分光线遮挡而成为管状光束，经 45°反射镜环反射后沿物镜周围投射到暗场罩前缘内侧反射镜上。反射光以很大的倾斜角射向物平面，如照到平滑区域，必将以很大的倾斜角反射，故难以进入物镜，形成映像中的黑暗区，只有照到凹凸不平区域的光线，反射后才有可能进入物镜，形成映像中的白亮区。因此与明场照明方式映像效果相反，图 15－15 所示光路即为暗场照明方式。

③ 偏光照明方式

偏光显微镜是利用直线偏光来研究硅酸盐制品的光学特征、显微结构的重要光学仪器。一般大型光学显微镜和部分台式金相显微镜均带有偏光装置等附件。显微镜的偏光装置就是在入射光路和观察镜筒内各加入一个偏光镜而构成。前一个偏光镜为“起偏镜”，后一个偏光镜为“检偏镜”。与普通光学显微镜相比，偏光显微镜除增加了两个附件——起偏镜和

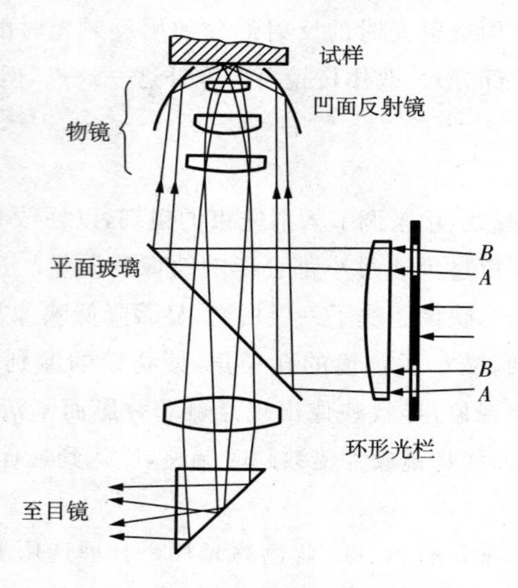

图 15-15 暗视场照明的光路图

检偏镜外,还要求载物台沿显微镜的机械中心在水平面内可做 360°旋转。图 15-16 为偏光显微镜的结构示意图。

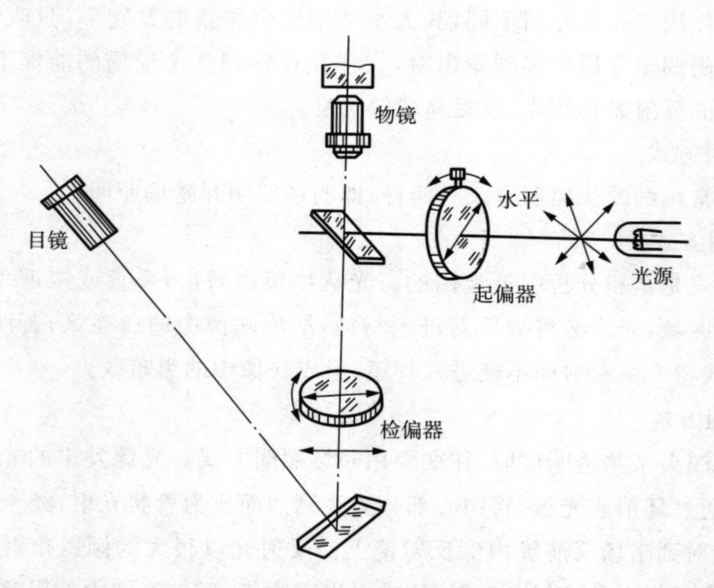

图 15-16 偏光照明的光路图

物质发出的光波具有一切可能的振动方向,且各方向振动矢量大小相等,称为自然光。当光矢量在一个固定平面内只沿一个固定方向作振动的光称为线偏振光(或平面偏振光),简称偏振光。偏振光的光矢量振动方向和传播方向所构成的面称为振动面。产生偏振光的装置称为起偏镜,如果起偏镜绕主轴旋转,则透过起偏镜的直线偏振光的振动面也跟着转动。为了分辨光的偏振状态,在起偏镜后加入一个检偏镜,它能鉴别起偏镜造成的偏振光。不同状态的偏振光通过检偏镜后,将有不同的光强度变化规律。

3. 机械系统

机械系统主要包括载物台、粗调机构、微调机构和物镜转换器。

(1)载物台

载物台是用来支承被观察物体的工作台,大多数显微镜的载物台都能在一定范围内平移,以改变被观察的部位。

(2)粗调机构

粗调机构是在较大行程范围内,用来改变物体和物镜前透镜间轴向距离的装置。一般采用齿轮齿条传动装置。

(3)微调机构

微调机构是在一个很小的行程范围内(约 2mm),调节物体和物镜前透镜间轴向距离的装置。

(4)物镜转换器

物镜转换器是为了便于更换物镜而设置的。转换器上同时装几个物镜,可任意将所需物镜转至并固定在显微镜光轴上。

(二)使用显微镜时应注意的事项

(1)操作者的手必须洗净擦干,并保持环境的清洁、干燥。

(2)用低压钨丝灯泡作光源时,接通电源必须通过变压器,切不可误接在 220V 电源上。

(3)根据有效放大倍数 $M_{有效}=(500\sim1000)\mathrm{N}\cdot\mathrm{A}$ 合理选择物镜和目镜。更换物镜、目镜时要格外小心,严防失手落地。不得用手帕等物擦拭物镜和目镜,必要时可用专用毛刷或擦镜纸轻轻擦拭。

(4)调节孔径光阑与视场光阑使之处于最佳状态,选择合适的滤色片(一般用黄绿色)。

(5)调节物体和物镜前透镜间轴向距离(以下简称聚集)时,必须首先弄清粗调旋钮转向与载物台升降方向的关系。初学者应该先用粗调旋钮将物镜调至尽量靠近物体但绝不可接触,然后仔细观察视场内的亮度,并同时用粗调旋钮缓慢将物镜向远离物体方向调节,待视场内忽然变得明亮甚至出现映像时,换用微调旋钮调至映像最清晰为止。

(6)用油系物镜时,滴油量不宜过多,用完后必须立即用二甲苯洗净,擦干。

(7)待观察的试样必须完全吹干。用氢氟酸浸蚀过的试样吹干时间要长些,因为氢氟酸对镜片有严重的腐蚀作用。

三、实验材料及设备

1. 金相试样、抛光布、研磨膏、金相砂纸、4%硝酸酒精、酒精、脱脂棉等。

2. 金相显微镜、目镜测微尺、物镜测微尺、抛光机、电吹风、滴定瓶、镊子等。

3. 备有暗场、偏光照明装置的金相显微镜 2～3 台。

四、实验内容与步骤

1. 观察直立式与倒立式两种金相显微镜的构造与光路。

2. 操作显微镜，比较熟练地掌握聚集方法，了解孔径光阑、视场光阑和滤光片的作用。
3. 熟悉物镜、目镜上的标志并合理选配物镜和目镜。
4. 分别在明场照明、暗场照明和偏振光下观察同一试样，分析其组织特征及成因。
5. 借助物镜测微尺确定目镜测微尺的格值。

五、实验报告要求

1. 绘出在明场和暗场照明下观察到的显微组织示意图。
2. 求出测微目镜尺的格值。

六、实验问题与思考

1. 简述孔径光阑、视场光阑、滤色片的作用，怎样调节才能得到最清晰的图像？
2. 何谓显微镜的有效放大倍数？怎样使物镜和目镜得到最佳配合？

实验十六　金相试样的制备

一、实验目的

1. 掌握金相试样制备的基本方法；

2. 识别制样过程中常见的缺陷。

二、实验说明

金相试样制备过程一般包括取样、镶嵌、磨光、抛光、浸蚀等几个步骤。

1. 取样

根据观察分析目的或国家制定的标准，在零件或材料有代表部位切取一小块试样。试样的尺寸以握在手中操作方便为原则。一般圆形试样直径取 10mm、高取 12mm 为宜，块形试样长、宽、高各取 12mm 为宜。

取样最常用的方法是进行机械切割。机械切割的设备和工具有砂轮切割机、电火花切割机、车床、锯床、手锯等。其中，砂轮切割机广泛用于钢铁材料的切取，较软的有色金属材料可用手锯或车床切割，既硬又脆的材料可用锤击的方法截取。在取样过程中，必须保证显微组织不因切割发热而发生变化，也不因切割用力造成塑性变形。因此，在使用砂轮切割机时，应注意用水充分冷却试样，施力要平稳、均匀。

2. 镶嵌

对尺寸过小、形状不规则的试样需进行镶嵌。常用的镶嵌方法有以下三种：

(1)热镶法

此法在专用的镶嵌机上进行。将试样观察面向下置入镶嵌机的模具内，用热固性塑料(酚醛树脂，俗称电木粉)或热塑性塑料(聚氯乙烯)作为镶嵌材料填入试样周围，然后加热、加压成型。热镶法只适用于在 200℃以内加热无显微组织变化的试样。

(2)冷镶法

为了避免热镶法所引起的显微组织变化，可采用冷镶法。它是将环氧塑料(环氧树脂 100g，邻苯二甲酸二丁酯 15g，乙二胺 10g)的流体注入塑料模内，在室温下经 24h 后可固化，试样即被镶嵌于其中。为了脱模方便，常在塑料模的内壁涂一层硅油。

(3)机械夹持法

当分析试样表面显微组织时，常用机械夹具夹持试样。为了保护试样的边缘，可在试样的一个侧面或两个侧面放置软金属垫片。夹持时要注意不能用力太大，以免引起试样塑性变形。

3. 磨光

磨光的目的是为了获得平整光滑的观察面，以消除或减小切割时在观察面上产生的变形。试样的磨光分粗磨和细磨两种。

(1)粗磨

粗磨就是将形状不规则的试样修整为规则形状的试样。磨平观察面,同时去掉切割时产生的变形层;在不影响观察目的的前提下,磨掉试样上的棱角(磨出倒角),以免划破砂纸和抛光织物。

黑色金属材料的粗磨在砂轮机上进行。具体操作方法是:将试样牢牢地捏住,用砂轮的侧面磨制,在试样与砂轮接触的一瞬间,尽量使磨面与砂轮面平行,用力不可过大。由于磨削力的作用,使得试样磨面的上半部分磨削量往往偏大,故需人为地进行调整,尽量加大试样下半部分的压力,以求整个磨面均匀受力。另外,在磨制过程中,试样必须沿砂轮的径向往复缓慢移动,这样可以防止砂轮表面形成凹沟。必须注意的是,磨削过程会使试样表面温度骤然升高,只有不断地将试样浸水冷却,才能防止组织发生变化。

砂轮机转速比较快,一般为 2850r/min,工作者不应站在砂轮的正前方,以防被飞出物击伤。操作时严禁戴手套,以免手被卷入砂轮机。

关于砂轮机的选择,一般是遵照“磨硬材料选稍软些的,磨软材料选稍硬些的”基本原则。用于金相制样方面的砂轮大部分是:磨料粒度为 40 号、46 号、54 号、60 号(数字愈大愈细);材料为白刚玉(代号为 GB 或 WA)、绿碳化硅(代号为 TL 或 GC)、棕刚玉(代号为 GZ 或 A)和黑碳化硅(代号为 TH 或 C)等;硬度为中软(代号为 ZR_1 或 K),尺寸多为 250mm×25mm×32mm(外径×厚度×孔径)的平砂轮。

有色金属,如铜、铝及其合金等,因材质很软,粗磨不可用砂轮而要用锉刀进行,以免磨屑填塞砂轮孔隙,且使试样产生较深的磨痕和严重的塑性变形层。

(2)细磨

由于粗磨后的试样磨面上仍有较粗较深的磨痕,为了消除这些磨痕必须进行细磨。细磨分手工细磨和机械细磨两种。

① 手工细磨

将金相砂纸铺放在玻璃板上,一手按住砂纸,一手将试样观察面压在砂纸上,使整个面受压均匀地在砂纸上作单向推磨。正确的操作姿势如图 16-1 所示。磨制过程中,必须注意以下几点:

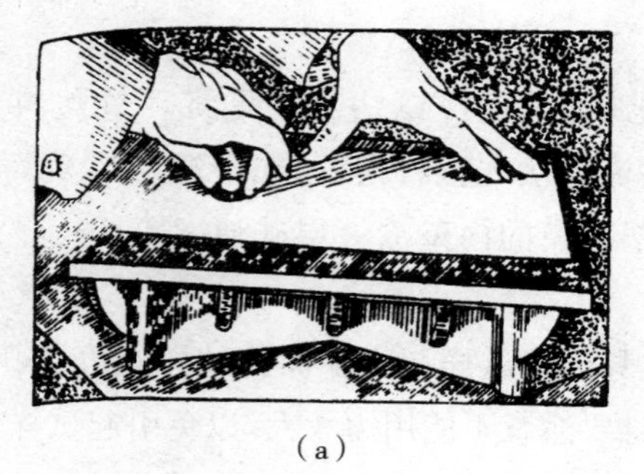
(a)

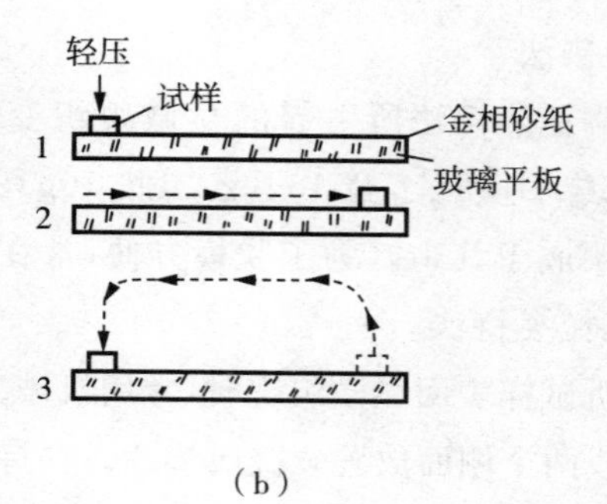

(b)

图 16-1 手工磨光操作

● 金相砂纸应从粗粒度到细粒度依次更换。一般钢铁材料用砂轮粗磨后的试样可从磨料粒度为400号的砂纸开始磨至1200号。对于金相摄影用的试样需磨至磨粒粒度为1600号的砂纸才行。金相砂纸的粒度号见表16-1。

表16-1　常用金相砂纸的规格

金相砂纸编号	01	02	03	04	05	06
粒度序号	400(M28)	500(M20)	600(M14)	800(M10)	1000(M7)	1200(M5)
砂粒尺寸/μm	28～20	20～14	14～10	10～7	7～5	5～3.5

注:表中为多数厂家所用编号,目前没有统一规格。

● 每更换细一号的砂纸时,试样和手应清理干净,以防止上一道粗磨粒落在细砂纸上;同时将试样磨制方向旋转90°,使新磨痕与旧磨痕垂直,直到旧磨痕完全消失为止。

● 磨制时用力要均匀,而且不可过大。否则,一方面会因磨痕过深增加下一道磨制的困难;另一方面会造成表面变形严重影响组织真实性。

● 砂纸的砂粒钝后磨削作用明显下降时,不宜继续使用,否则砂粒在金属表面产生的滚压作用会增加表面变形。

● 磨制铜、铝及其合金等较软的有色金属材料时,用力更要轻些;亦可在砂纸上滴一些煤油,以防脱落砂粒嵌入金属表面。

用水砂纸手工磨制的操作方法和步骤与用金相砂纸磨制完全一样,只是将水砂纸置于流动水下边冲边磨,由粗到细依次更换数次,最后磨到1000号或1200号砂纸。因为水流不断地将脱落砂粒、磨屑冲掉,故砂纸的磨削寿命较长。实践证明,用水砂纸磨制试样速度快、质量高,有效地弥补了干磨的不足,水砂纸的规格见表16-2所示。

表16-2　常用水砂纸的规格

水砂纸序号	240	300	400	500	600	800	1000	1200
粒　度	160	200	280	320	400	600	800	1000

注:表中为多数厂家所用编号,目前没有统一规格。

② 机械细磨

目前普遍使用的机械细磨设备是预磨机。把各号水磨砂纸粘铺在预磨机的圆盘上,电动机带动圆盘转动。磨制时,将试样沿盘的径向来回移动,用力要均匀,边磨边用水冲。水流既起到冷却试样的作用,又可以借助离心力将脱落灰粒、磨屑等不断地随流水一起冲走。机械磨的磨削速度比手工磨制快得多,但平整度不够好,表面变形层也比较严重。因此要求较高的或材质较软的试样应该采用手工磨制。机械磨所用水砂纸规格与手工湿磨相同。

4. 抛光

抛光的目的是为了消除细磨时留下的磨痕,使观察面成为光滑无痕的镜面。将抛光织物用水浸湿、铺平、绷紧并固定在抛光盘上。启动时，抛光盘逆时针旋转，洒些适量的抛光液即可。抛光织物常用帆布、毛呢、金丝绒、丝绸等。常用抛光粉是氧化铝、氧化铬、氧化镁粉等。目前常用人造金刚石研磨膏代替抛光液。

5. 组织显示

抛光后的试样，直接在显微镜下观察，只能观察到非金属夹杂物、石墨及裂纹等。若要观察组织，必须经过适当的显露方法，把组织显示出来。显示组织最常用的方法是化学浸蚀法：将抛光后的试样用水冲洗，然后用酒精冲去磨面上的水，用电吹风吹干后，将沾有浸蚀剂的脱脂棉在抛光面上反复擦拭，直到变为灰色，再立即用流动水冲洗观察面，滴些酒精，迅速用电吹风吹干，即完成整个试样制备过程。常用浸蚀剂见附录Ⅰ。

但对一些硅酸盐工业制品，如陶瓷及耐火材料等则该方法行不通。由于这些制品中的矿物硬度较大，化学性质稳定，结构致密，单用化学试剂浸蚀试样，仍显不出制品中各相矿物的特征及矿物的显微结构，还需用热腐蚀及电解腐蚀等手段。所谓热腐蚀，即是将试样抛光后直接放在电炉或真空室内，加热到一定温度后（一般300℃左右，最高达900℃），就会显示出清晰的矿物边界和结构。所谓电解腐蚀，是指以不锈钢板为阴极，试样为阳极，接通电源后浸入电解液中，由于各相矿物之间及晶粒与晶界之间析出的电位不同，在微弱的电流作用下，各相矿物浸蚀的深浅不同，从而显示出矿物的结构。

一块高质量的金相试样，必须组织真实、清晰、无磨痕、夹杂物不脱落等。制备不当的试样，常出现麻点、水迹、曳尾、划痕及浸蚀不当等缺陷。

三、实验材料及设备

1. 待磨试样，不同粒度号的金相砂纸及玻璃板。

2. 金相砂纸、抛光液（金刚石研磨膏）、4%硝酸酒精溶液、酒精、脱脂棉、抛光布等。

3. 金相显微镜、砂轮机、抛光机、吹风机、镊子等。

四、实验内容与步骤

每人制备一块基本合格的金相试样。

1. 领取待磨试样（碳钢），在砂轮机上粗磨（注意要倒角），依次在金相砂纸上细磨。

2. 用清水洗涤试样，进行机械抛光，直到试样呈镜面。

3. 抛光后用流水洗涤试样，立即吹干（此时严禁用手指接触抛光面），并在显微镜下检查磨痕、水迹、麻点、曳尾等缺陷。

4. 用沾有4%硝酸酒精溶液的棉球轻轻擦拭抛光面进行浸蚀，使光亮的抛光面变成浅灰色，然后用水冲洗，滴上酒精，迅速吹干。

5. 在显微镜下观察组织，联系浸蚀原理对观察结果进行分析。若浸蚀过浅，可重新浸蚀；若过深，则需要重新抛光后再浸蚀；若变形层严重，可反复抛光浸蚀1～2次，注意观察组织清晰度的变化。

五、实验报告要求

1. 简述制备金相试样的过程及目的和操作技术要点。

2. 绘出显微组织示意图,并注明材料、组织、放大倍数、浸蚀剂。

3. 分析你所制备样品的质量,并指出试样上的缺陷及形成原因,以及如何在显微镜下识别。请就如何制备出高质量金相试样谈谈个人体会。

实验十七　金属凝固组织观察与分析

一、实验目的

1. 了解铸锭组织特征；

2. 研究不同浇注条件对铸锭组织的影响。

二、实验说明

金属铸锭的典型组织由三个晶区组成：紧靠模壁的表层细等轴晶区、垂直于模壁生长的次层柱状晶区和中心的等轴晶区。但在实际情况下，当浇铸条件变化时，三个晶区的宽窄也随之发生变化，有时甚至只呈现两个或一个晶区。

金属铸锭组织的表层细等轴晶区很薄，对铸锭性能影响不大。次表层沿不同方向平行延伸的柱状晶相邻及相遇处，富集着易熔杂质与非金属夹杂物，形成铸锭脆弱的结合面。当铸锭进行锻轧加工时，常在这个结合面开裂。中心等轴晶区无择优取向，晶粒之间紧密结合，有利于铸锭性能的提高。因此，除了一些塑性较好的有色金属为利用柱状晶内气孔和疏松较少的特性而希望获得柱状晶外，一般尽量限制柱状晶的发展，以获得更多的细小等轴晶区。图 17－1 为铸锭和铸件的宏观组织示意图；图 17－2 为柱晶间界示意图；图 17－3 为等轴晶组织示意图。

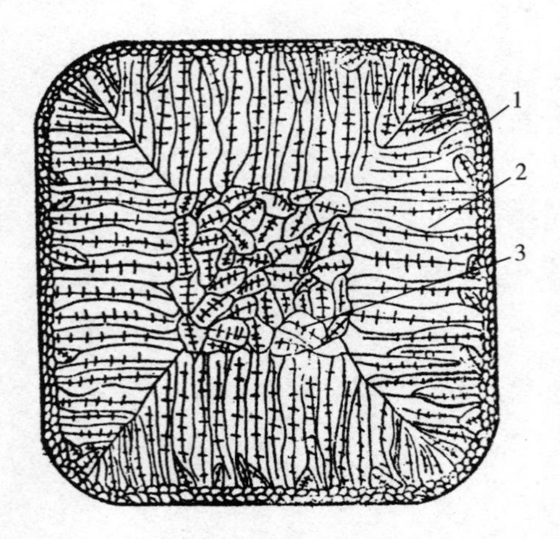

图 17－1　铸锭和铸件的宏观组织示意图

1－激冷区；2－柱状晶区；3－等轴晶区

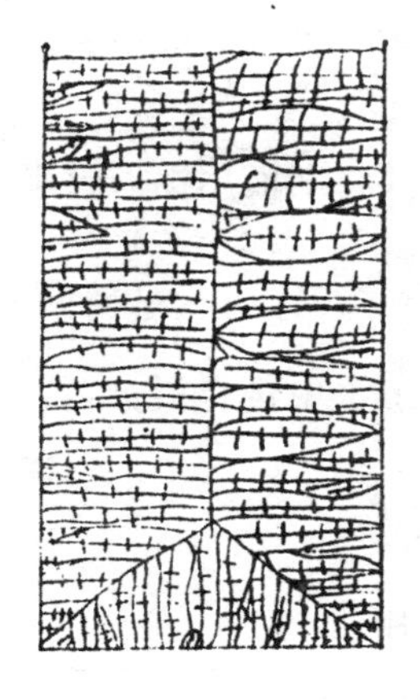

图 17－2　柱晶间界示意图

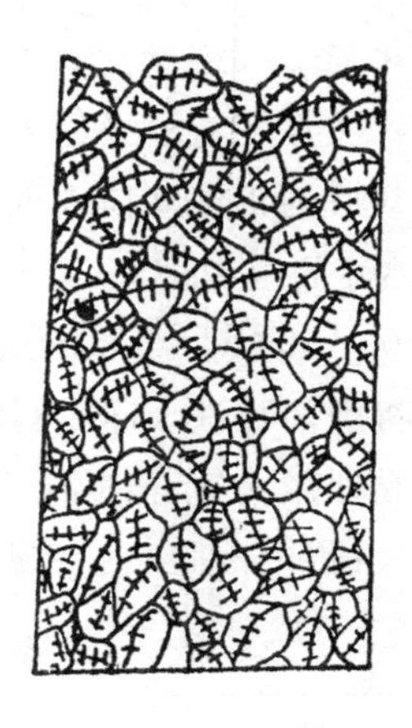

图 17－3　等轴晶组织示意图

根据需要，可以通过改变结晶条件来控制三晶区的宽窄和晶粒粗细。细化晶粒的基本途径是形成足够数量的晶核及限制晶核的长大。

1. 改变铸模的冷却能力

提高铸模的冷却能力，可使结晶过程中的温度梯度增大，加速柱状晶区的发展。但当铸模冷却能力很大而体积又很小时，由于液态金属在较大的过冷度下结晶，液态金属中将产生大量晶核，以至获得全部细等轴晶。如果降低铸锭的冷却能力，会使温度梯度减小，则有利于中心等轴晶的扩大。通常采用金属模代替砂模或减少模壁厚度的方法来提高铸模的冷却能力；采用将金属模预热，达到降低铸模冷却能力的目的。

2. 改变形核条件

在液态金属中加入变质剂，增加非均匀形核的核心，可使中心等轴晶扩大并使晶粒细化；采用过热方式，将液态金属中难熔质点的“活性”去除，导致非均匀形核的核心数目减少，可获得较粗大的柱状晶区。

3. 改变液态金属的状态

加强液态金属在铸模中的运动（如应用电磁搅拌、机械振动、加压浇注等方法），可使已生长的晶粒因破碎而细化。而破碎的枝晶碎片又成为新的晶核，促使晶粒变细，从而有利于细等轴晶的发展。

三、实验材料及设备

1. 工业纯铝块、变质剂（氧化铝）、水砂纸、金相砂纸、20％氢氧化钠溶液、王水（3 份盐酸，1 份硝酸）。

2. 箱式电炉、坩埚、铸铁模、砂模、夹钳手锯、锉刀、30 倍放大镜、电吹风、镊子等。

四、实验内容与步骤

1. 分组铸出表 17－1 中给定条件下的铝锭（铸模尺寸：内长 50mm，高 100mm）

(1)各组将铝块放入坩埚炉内，在电炉内加热使之熔化。

(2)使熔化的金属铝保持表中规定的浇注温度，然后将坩埚从电炉中夹出，并迅速将液体注入铸模内(注意熔渣不要注入模内)。

(3)将冷却后的铝锭从模中取出，用手锯截其模断面，并将断面用锉刀锉平。

2. 观察铝锭的组织

(1)用280号、320号金相砂纸将锉平的模断面磨光。

(2)用水将磨面冲洗干净，再用酒精洗擦吹干，并置于王水中进行浸蚀，待铝锭组织清晰显露出来时，立即用水清洗、吹干。

(3)用放大镜(或肉眼)逐块观察、分析铝锭组织的变化。

表 17-1 铝锭的不同浇注条件

序号	铸模材料		铸模厚度(mm)	铸模温度(℃)	浇注温度(℃)	组 织	备注
	模壁	模底					
1	钢	钢	3	水冷	900	三晶带	
2	钢	钢	10	室温	780	柱状晶(柱晶间界)	
3	钢	钢	10	室温	780	细小等轴晶	变质剂
4	钢	耐	10	室温	780	柱状+等轴晶	
5	耐	钢	10	室温	780	柱状晶	
6	耐	耐	10	500	780	等轴粗晶	
7	耐	耐	10	室温	780	细小等轴晶	变质剂

五、实验报告要求

1. 画出不同浇铸条件下纯铝锭的宏观组织示意图，说明其组织特点及形成原因。

2. 根据结晶条件分析焊缝组织与一般铸锭的组织有何差异，并简述其原因。

六、实验注意事项

1. 浇注时对准模子连续注入，不能断续或停歇，如铝液中有熔渣，必须用铁板挡住，不能使其进入模内。

2. 浸蚀时要在烟橱中进行，注意安全，千万不要将浸蚀剂溅到衣服和皮肤上。

实验十八　铁碳合金平衡组织的观察与分析

一、实验目的

1. 熟悉铁碳合金在平衡状态下的显微组织特征；

2. 了解由平衡组织估算亚共析钢含碳量的方法。

二、实验说明

研究铁碳合金的平衡组织是分析钢铁材料性能的基础。所谓平衡组织，是指合金在极其缓慢冷却条件下得到的组织。如图 18－1 所示。

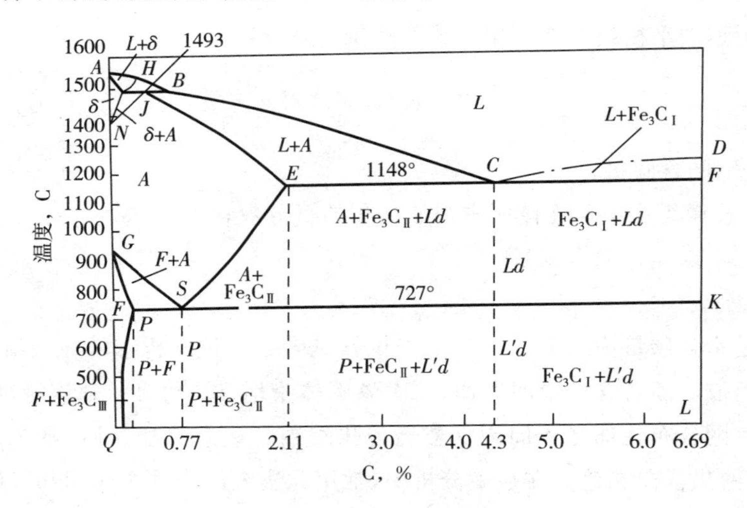

图 18－1　Fe－Fe_3C 平衡组织相图

由 Fe－Fe_3C 相图可以看出，铁碳合金的室温平衡组织均由铁素体、渗碳体[又分从液体中直接析出的一次渗碳体($Fe_3C_{Ⅰ}$)；从奥氏体中析出的二次渗碳体($Fe_3C_{Ⅱ}$)；从铁素体中析出的三次渗碳体($Fe_3C_{Ⅲ}$)]两个基本相所组成，但对不同含碳量的铁碳合金，由于铁素体和渗碳体的相对数量、析出条件、形态与分布不同，使得各类铁碳合金在显微镜下表现出不同的组织形貌。

1. 工业纯铁

工业纯铁是指含碳量低于 0.02%的铁碳合金，其显微组织由铁素体和三次渗碳体所组成。经 4%硝酸酒精溶液浸蚀后铁素体晶粒呈亮白色块状，晶粒和晶粒之间显出黑线状的晶界。三次渗碳体呈不连续的小白片，位于铁素体的晶界处。

2. 共析钢

共析钢是指含碳量为0.77%的铁碳合金。共析钢的显微组织全部由珠光体组成。在平衡条件下，珠光体是铁素体和渗碳体的片状机械混合物，经4%硝酸酒精溶液浸蚀后，其铁素体和渗碳体均为亮白色；在较高放大倍数时(600倍以上)，能看到珠光体中片层相同的宽条铁素体细条渗碳体，且两者相邻的边界呈黑色弯曲的细条。由于珠光体中铁素体与渗碳体的相对量相差较大，按照杠杆定律可计算出两者相对量的比约为8∶1，从而形成铁素体片比渗碳体片宽得多的特征。在中等放大倍数下(400倍左右)，因显微镜的分辨能力不够，珠光体中的渗碳体两侧边界合成一条黑线。在放大倍数更低的情况下(200倍左右)，铁素体与渗碳体的片层都不能分辨，此时珠光体呈暗黑色模糊状。

3. 亚共析钢

亚共析钢是指含碳量为0.02%～0.77%的铁碳合金。亚共析钢的显微组织是由先共析铁素体(呈亮白色块状)与珠光体(呈暗黑色)组成。随着含碳量的增加，组织中铁素体量逐渐减少，而珠光体量不断增加。当含碳量大于0.60%时，铁素体由块状变成网状分布在珠光体周围。

根据亚共析钢的平衡组织还可用下式估算钢的百分数：

$$C\% = K\% \times 0.77\%$$

式中 C%——钢的含碳量；

K%——显微组织中珠光体所占视域面积的百分数；

0.77%——珠光体的含碳量。

4. 过共析钢

过共析钢是指含碳量为0.77%～2.11%的铁碳合金。过共析钢的显微组织是由珠光体和二次渗碳体组成。随着含碳量的增加，二次渗碳体量增多。经4%硝酸酒精浸蚀后，二次渗碳体呈亮白色网分布在珠光体周围。若经苦味酸钠溶液煮沸浸蚀后，则二次渗碳体网呈黑褐色，铁素体网仍呈白亮色。在显微分析中，常用此法来区分铁素体网和渗碳体网。

5. 共晶白口铸铁

共晶白口铸铁是指含碳量为4.3%的铁碳合金。共晶白口铸铁在室温下的显微组织为变态莱氏体。经4%硝酸酒精溶液浸蚀后，其显微组织特征表现为暗黑色粒状或条状珠光体分布在亮白色渗碳体的基体上。

6. 亚共晶白口铸铁

亚共晶白口铁是指含碳量为2.11%～4.3%的铁碳合金。亚共晶白口铁的室温组织由珠光体、二次渗碳体和变态莱氏体所组成。经4%硝酸酒精浸蚀后，其显微组织特征表现为暗黑色的树枝状珠光体(保留着初生奥氏体的树枝晶形态)被一圈白色二次渗碳体包围，在其周围分布变态莱氏体。

7. 过共晶白口铸铁

过共晶白口铁是指含碳量大于4.3%的铁碳合金。过共晶白口铁在室温下的显微组织表现为白色长条状的一次渗碳体分布在变态莱氏体基体上。

三、实验材料及设备

1. 金相试样、金相砂纸、抛光布、研磨膏、4%硝酸酒精、酒精、脱脂棉等。
2. 金相显微镜、抛光机、电吹风、滴定瓶、镊子等。

四、实验内容与步骤

1. 在显微镜下观察表中铁碳合金的显微组织。
2. 估测未知含碳量的亚共析钢中珠光体所占视场面积的百分数。

表 18-1　不同含碳量的铁碳合金

照片编号	材　料	处理状态	显微组织	浸蚀剂
18-1	α—Fe	退　火	F+少量 $Fe_3C_{Ⅲ}$	4%硝酸酒精
18-2	20	退　火	F+P	4%硝酸酒精
18-3	35	退　火	F+P	4%硝酸酒精
18-4	45	退　火	F+P	4%硝酸酒精
18-5	65	退　火	F+P	4%硝酸酒精
18-6	78	退　火	P	4%硝酸酒精
18-7	T12	退　火	P+$Fe_3C_{Ⅱ}$	4%硝酸酒精
18-8	T12	退　火	P+$Fe_3C_{Ⅱ}$	苦味酸钠溶液
18-9	亚共晶白口铸铁	铸　态	P+L′d	4%硝酸酒精
18-10	共晶白口铸铁	铸　态	L′d	4%硝酸酒精
18-11	过共晶白口铸铁	铸　态	L′d+$Fe_3C_{Ⅰ}$	4%硝酸酒精

五、实验报告要求

1. 画出表中各成分合金的显微组织示意图。在图上标出组织，在图下面注明材料、退火状态、浸蚀剂和放大倍数，并说明显微组织形貌特征。

2. 估算出未知成分的亚共析钢含碳量。

3. 讨论在平衡状态下铁碳合金的组织和含碳量的关系，并从定性和定量两个方面加以分析。

4. 制表写出亚共析钢、共析钢和过共析钢的相组成物和组织组成物。

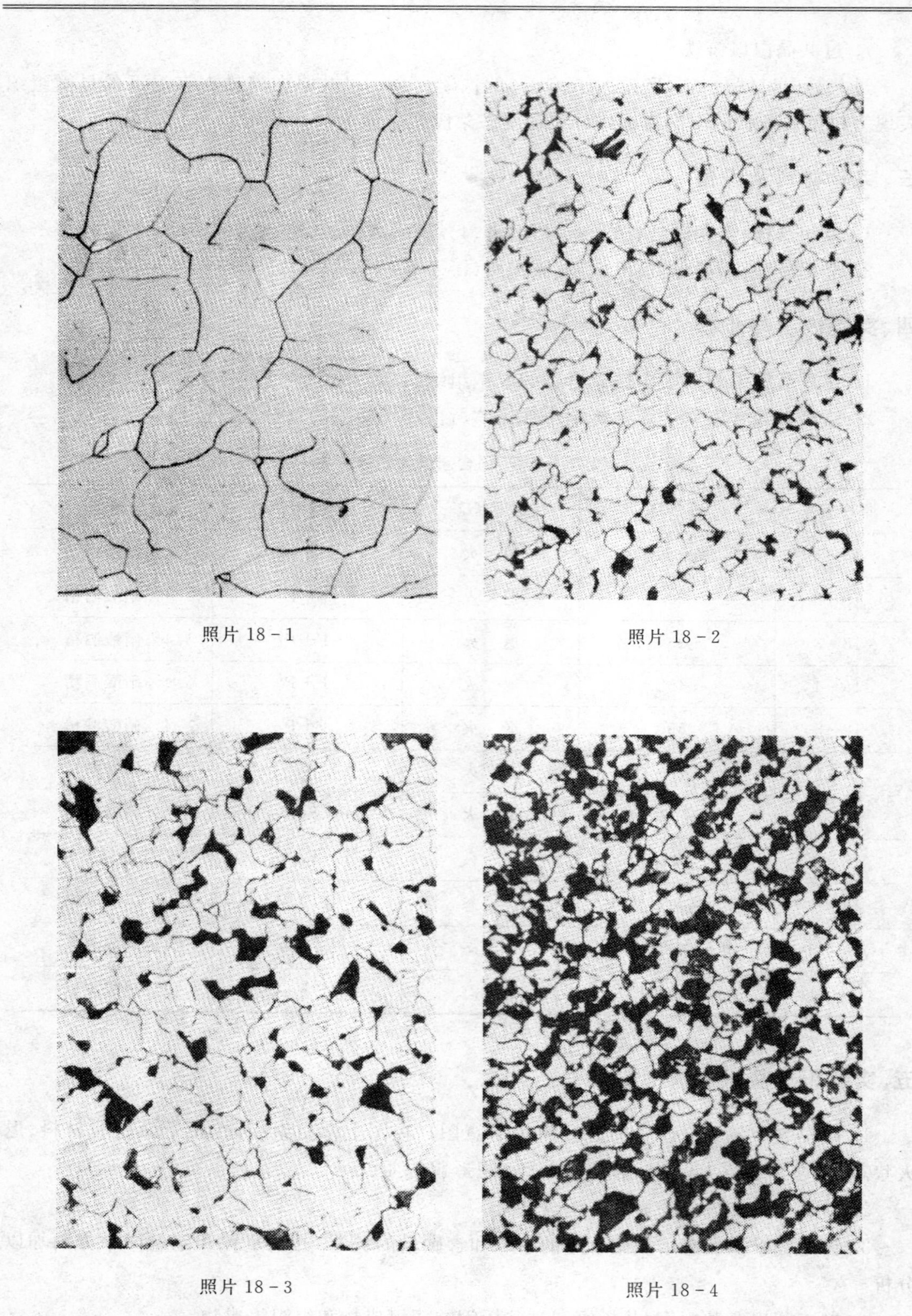

照片 18 - 1

照片 18 - 2

照片 18 - 3

照片 18 - 4

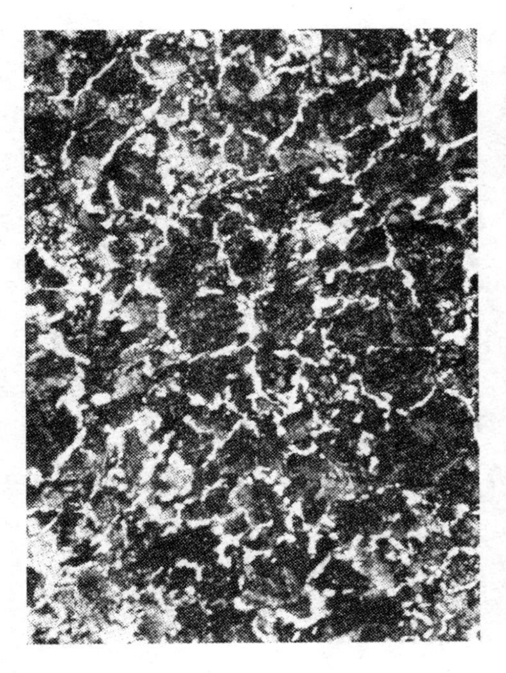

照片 18 - 5

照片 18 - 6

照片 18 - 7

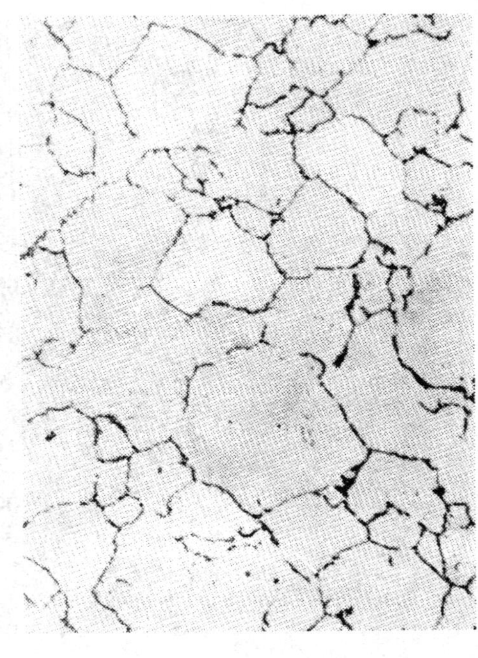

照片 18 - 8

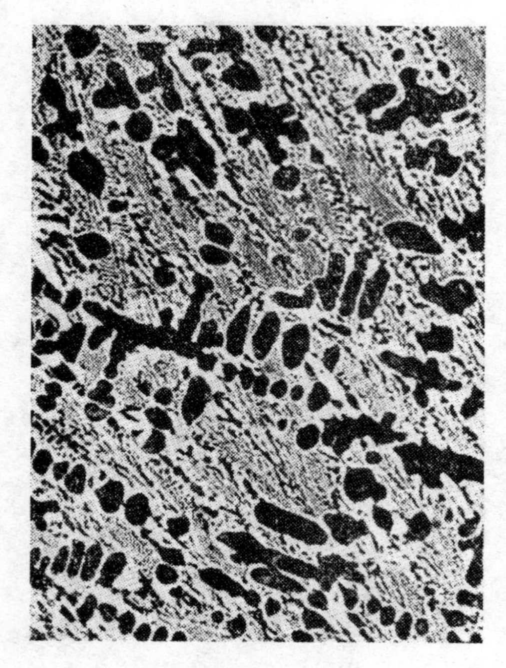

照片 18－9

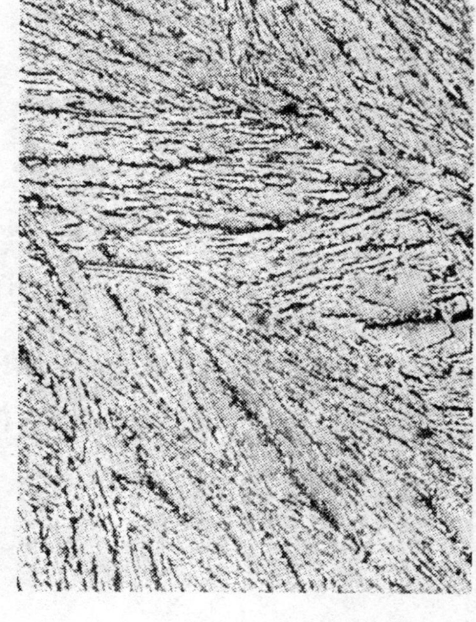

照片 18－10

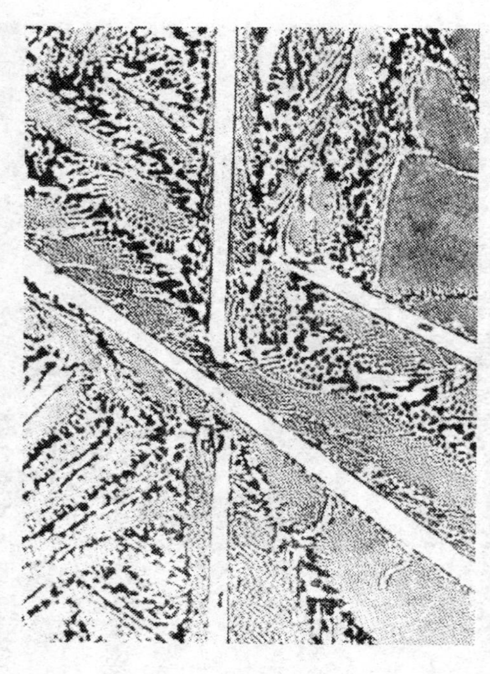

照片 18－11

实验十九　钢中非金属夹杂物的金相鉴定

一、实验目的

1. 了解钢中常见的非金属夹杂物的特征；
2. 学习利用金相显微镜鉴定非金属夹杂物的方法。

二、实验说明

一般来说，钢中非金属夹杂物的存在破坏了基体金属的连续性，对钢的性能有不利的影响，其影响的程度主要取决于夹杂物的性质、形状、大小、数量及分布状态。因此研究分析钢中非金属夹杂物是控制、提高钢材质量的一项重要课题。在日常生产中，检验夹杂物也是评定钢材质量的一项常规检验项目。

金相方法鉴别钢中非金属夹杂物是利用夹杂物本身在明场、暗场和偏振光下的一些特征来判断的。

1. 非金属夹杂物的特征

(1)夹杂物的形状、大小及分布

① 在熔融状中由于表面张力的作用而形成的滴状夹杂物，凝固后一般呈球状。

② 具有较规则结晶状——多边形(方形、长方形、三角形、六角形等)及树枝状等夹杂物，主要是由于结晶学因素起作用所致。

③ 当先生成相的尺寸具有一定大小时，后生成相则分布在先生成相的周围。

④ 有的夹杂物常呈连续或断续的形式沿晶界分布。

⑤ 钢经轧(锻)后，塑性夹杂物沿着变形方向呈纺锤形或条带状分布。脆性夹杂物在钢变形量不大时，随钢的基体流变方向形成锥形裂缝；在大变形量下，脆性夹杂物被压碎并沿着钢的流变方向呈串链状分布。对于复合氧化物的尖晶石型夹杂物，钢经锻轧后仍保留原形，并常常从塑性夹杂物的基体中机械地分离出来。

(2)夹杂物的反射本领

在明视场下比较夹杂物和金属基体表面反射出光的强度，可判断夹杂物对光的反射能力。如果夹杂物的光泽与金属基体表面接近，认为其反射能力强；若暗黑无光，则反射能力弱；介于二者之间，则反射能力中等。夹杂物的反射本领在高、中倍下鉴定。

(3)夹杂物的透明度及色彩

观察夹杂物的透明度及色彩应在暗视场或偏振光下进行。

任何夹杂物都具有固有的透明度及色彩。根据夹杂物的透明程度,可分为透明、不透明和半透明三种。不透明夹杂有一亮边,这是由于夹杂物折射到金属交界处的一部分光由交界处反射出来所致。若夹杂物是透明有色彩的,则在暗场下将呈现出其固有的色彩。

利用暗视场观察夹杂物较明视场有更好的衬度,所以在暗视场下能够观察到明视场难以发现的细小夹杂物。

(4)夹杂物的各向同性及各向异性效应

利用偏振光照明研究夹杂物,可以把夹杂物分为各向同性与各向异性两大类。在正交偏振光下,各向同性夹杂物在显微镜载物台转动一周中无亮度变化,而各向异性夹杂物则在转动载物台一周中有对称的四次消光、四次明亮现象。某些具有弱各向异性效应的夹杂物,则在转动载物台一周中只有二次消光、二次明亮。一般结晶成等轴晶系的夹杂物基本上是光学各向同性的,而非等轴晶系的夹杂物则具有明显的光学各向异性性质。

(5)夹杂物的"黑十字"现象

凡球状透明夹杂物,在正交偏振光下都产生中间以"黑十字"形的明暗交替的断续的同心环现象。"黑十字"现象的出现是由透明夹杂物的规则球状外形所引起的。当球状外形遭到破坏时,"黑十字"现象也随即消失。

(6)夹杂物的力学性质

夹杂物的力学性质包括硬度、脆性和可塑性。夹杂物类型不同,其显微硬度值也各不相同。硫化物显微硬度值最低,约为 HV180～260;氧化物硬度值较高,约为 HV1000～3500;硅酸盐硬度值介于硫化物与氧化物之间,约为 HV600～800。夹杂物显微硬度的压痕形状、夹杂物硬度值的高低、夹杂物的变形情况,都可间接地反映其塑性如何。磨面上夹杂物的抛光性在一定程度上也能估计夹杂物的硬度与脆性。硬而脆的夹杂物在磨抛试样时易剥落和留下"彗星尾"的擦伤痕迹。

(7)夹杂物的化学性质

由于各类夹杂物对酸、碱化学试剂的抗蚀能力不同,夹杂物经化学试剂浸蚀后,将出现三种情况中的一种:①夹杂物溶入试剂,留下蚀坑;②染上不同的色彩或改变夹杂物的色彩;③不受浸蚀,不发生变化。

2. 钢中常见的夹杂物

钢中常见的夹杂物主要有:氧化物、硫化物、硅酸盐、氮化物四大类。几种常见夹杂物的性质如下表 19-1 所列:

表 19－1　钢中常见的几种夹杂物特征

名称及化学分子式	晶系及在钢中存在形式	在钢中分布情况	抛光性	反光能力	化学性质			化学性质
					在明场中	在暗场中	在偏振光中	
氧化亚铁 FeO	立方晶系，大多为球状，变形后呈椭圆形	无规律，偶尔沿晶界分布	良好	中等	灰色、边缘呈淡褐色	完全不透明有亮边	各向同性	受下列试剂腐蚀：3% H_2SO_4；$SnCl_2$ 饱和酒精溶液；10% HCl；$KmnO_4$ 在 10% H_2SO_4 中的沸腾溶液；5% $CuSO_4$
氧化亚锰 MnO	立方晶系，呈不规则形状结构，加工后沿加工方向略有伸长	无规则，成群分布	良好	低	暗灰色，有时内部呈绿宝石色	在薄层中透明，呈现绿宝石色	各向同性在薄层中呈绿色	下列试剂浸蚀：$SnCl_2$ 饱和酒精溶液；20% HCl，20% HF 酒精溶液；20% NaOH 等
氧化亚铁和氧化亚锰固体 FeO－MnO	立方晶系，在 MnO 含量高时为八面体或不规则形状，有时呈树枝状。	大多数成群分布	良好	低	随 MnO 量的增加，由灰色变至紫色，在夹杂物中心有红色反光。	透明度随 Mn 含量增加而增加，本身呈血红色	各向同性透明，橙黄色到血红色并带各种色彩	受下列试剂腐蚀：3% H_2SO_4；SuCl；20% HF 酒精溶液；碱苦味酸钠；并受 20% NaOH 溶液染色
氧化铝（刚玉）Al_2O_3	六方晶系大多数情况下呈不规则的六角形颗粒，少数呈粗大颗粒	大多数聚集分布，变形后呈串链状分布	不良	低	暗灰而带紫色	透明，淡黄色	各向异性透明，各向异性效应弱，特别是颗粒细小时	不受标准试剂作用
石英玻璃 SiO_2	非晶体呈球状	无规律	良好	低	深灰色，中心亮点并有环形反光	透明发亮	各向同性透明，有“黑十字”特征	在 HF 中腐蚀掉

（续表）

名称及化学分子式	晶系及在钢中存在形式	在钢中分布情况	抛光性	反光能力	化学性质			化学性质
					在明场中	在暗场中	在偏振光中	
硅酸亚铁 $2FeO \cdot SiO_2$	正交晶系主要呈球状	无规律	良好	中等	暗灰色	透明，色彩由黄绿色到亮红或暗红色且有亮环	各向异性透明	在HF中腐蚀掉
硫化铁 FeS	六方晶系常呈球状水滴状或共晶状，易于变形方向拉长	晶内或沿晶界分布	良好	较高	淡黄色	不透明，有亮边	各向异性不透明	在碱性苦味酸中变黑或腐蚀掉
硫化锰 MnS	立方晶系	晶内或沿晶界分布	良好	中等	蓝灰色	稍透明，呈黄绿色	各向同性透明	10%铬酸水溶液中腐蚀掉
硫化铁与硫化锰固溶体 FeS-MnS	主要呈球状或条带状	晶内或沿晶界分布	良好	中等	蓝灰色	不透明	各向同性不透明	10%铬酸水溶液中腐蚀掉
氮化钛 TiN	立方晶系，呈有规则的几何形状，正方形、矩形	成群分布，变形后呈串链状分布	不良，易磨掉	高	金黄色的规则形状	不透明，周围有亮边	各向同性不透明	不受标准试剂作用
Ti(C、N)	立方晶系、形状不规则	成群分布，变形后晶串链状分布	不易磨掉	高	随含C量的不同由浅黄色到紫玫瑰色	不透明	各向同性不透明	不受标准试剂作用

3. 非金属夹杂物的金相鉴定

分析夹杂物的试样经磨制抛光后一般不浸蚀，而是直接在显微镜下观察分析。制备好的试样必须保证夹杂物不脱落，外形完整没有拖尾、扩大等现象，观察面上应无沾污、麻坑、水迹及划痕等缺陷，否则会给夹杂物的分析鉴别带来困难，尤其是沾污物、麻坑易与夹杂物相混时。有时，沾污物、麻坑等制样缺陷难免存在，在实际分析中要加以区别，下面简述一般制样缺陷在显微镜下的一些特征。

外来污物一般都保持其本身的固有色彩，没有清晰的边界，存在明显的浮凸现象。

水迹有无规则的彩色斑痕或环状圈，它们紧附在样品表面，具有清晰的边界。

麻坑是由于抛光时间过长而形成的坑洞，在显微镜下呈凹陷坑。调节微动螺丝时坑洞大小发生变化，有时隐约可见到坑底内部粗糙的金属基体。坑洞在暗场下由于光的散射是透明发亮的。

划痕在显微镜下呈直线状的划线，调节微螺丝时可见划痕底部的金属光泽，并且划痕在暗场和偏光下也透明发亮。

(1)明场鉴定

在明场下，主要观察夹杂物的形状、大小、分布、数量、表面色彩、反光能力、磨光性和可塑性等。通常在100～500倍下进行。

(2)暗场鉴定

在暗场下，主要观察夹杂物的透明度和固有色彩。

(3)偏振光鉴定

在偏振光下，主要鉴别夹杂物的各向异性效应和“黑十字”等现象，也可观察到夹杂物的透明度和固有色彩。

夹杂物的金相鉴定是一项难度较高的分析工作，欲正确无误地区别、确定夹杂物的类型、性质，需要分析者具有丰富的实践经验，必要时需与其他分析手段相结合，方可得到正确结论。一般情况下，夹杂物的鉴别程序如图19－1所示，供使用时参考。

三、实验材料及设备

1. 金相试样、抛光布、研磨膏、金相砂纸、酒精、脱脂棉等。
2. 带偏光暗场的金相显微镜、抛光机、电吹风、滴定瓶、镊子等。

四、实验内容与步骤

在明场、暗场、偏振光下观察夹杂物试样，分析鉴别夹杂物。

五、实验报告要求

绘出夹杂物的示意图，并说明其特征。

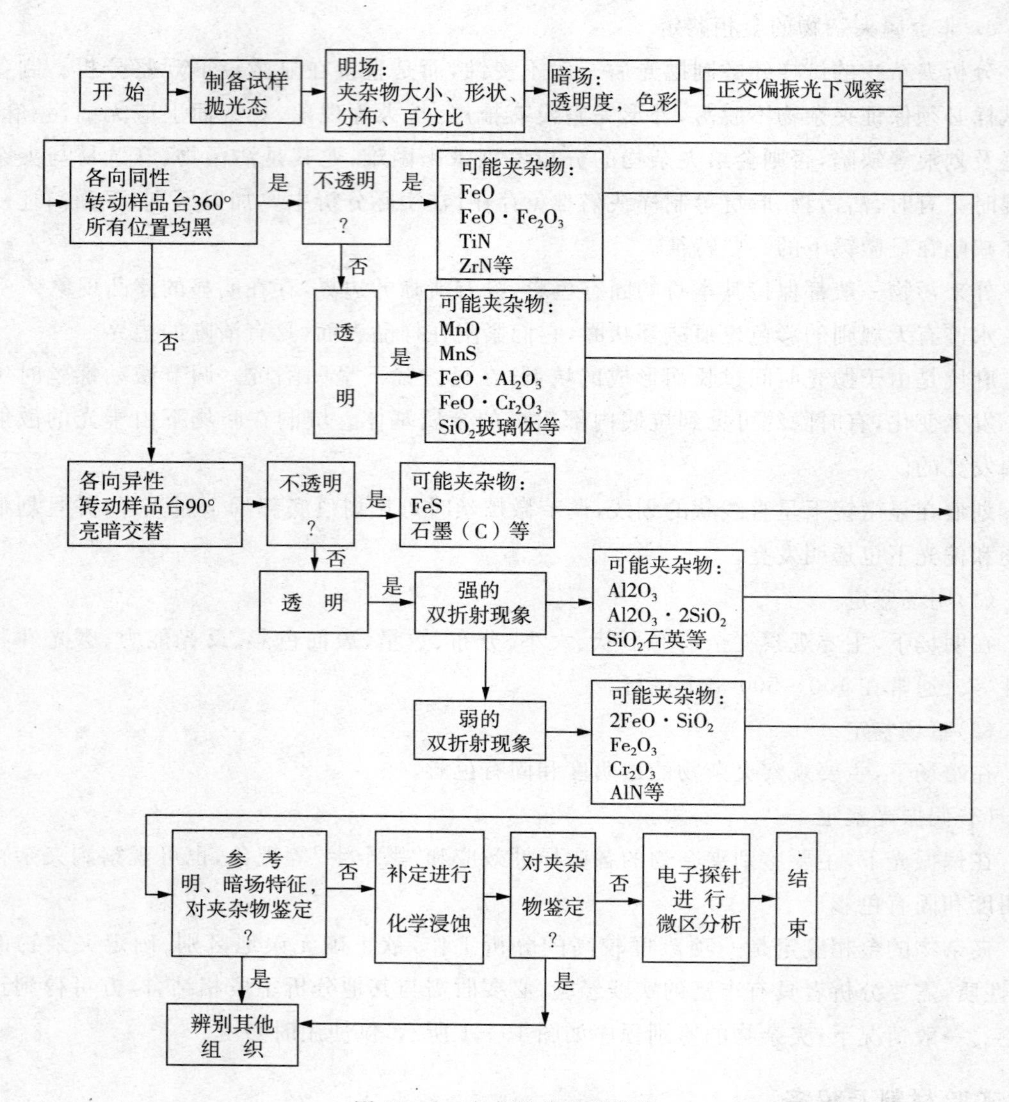

图 19－1 夹杂物的鉴别程序

实验二十　热处理工艺对碳钢的显微组织和性能的影响

一、实验目的

1. 了解热处理工艺对钢的显微组织和性能的影响；
2. 熟悉热处理的基本操作规程。

二、实验说明

热处理是一种很重要的金属加工工艺方法。热处理的主要目的是改变钢的性能，热处理工艺的特点是将钢加热到一定温度，经一定时间保温，然后以某种速度冷却下来，从而达到改变钢的性能的目的。研究非平衡热处理组织，主要是根据过冷奥氏体等温转变曲线来确定。

热处理之所以能使钢的性能发生显著变化，主要是由于钢的内部组织结构发生了一系列的变化。采用不同的热处理工艺，将会使钢得到不同的组织结构，从而获得所需要的性能。

钢的热处理基本工艺方法可分为退火、正火、淬火和回火等。

(一)碳钢热处理工艺

1. 加热温度

亚共析钢加热温度一般为 $Ac_3+30℃\sim50℃$，过共析钢加热温度一般为 $Ac_1+30℃\sim50℃$(淬火)或 $Acm+50℃\sim100℃$(正火)。

淬火后回火温度有三种，即低温回火(150℃～250℃)、中温回火(350℃～500℃)、高温回火(500℃～650℃)。在实际生产中可根据钢种及要求作适当调整。

2. 保温时间

在实验室中，通常按工件有效厚度，用下列经验公式计算加热时间：

$$t=a\times D$$

式中　t——加热时间(min)；

a——加热系数(min/mm)；

D——工件有效厚度(mm)。

淬火后回火保温，要保证工件热透，使组织充分转变，一般为 1h～3h。实验时，可酌情减少。

3. 冷却方式

钢退火采用随炉冷却到600℃～550℃以下再出炉空冷方式。正火采用空中冷却。淬火时常用水或盐水冷却，合金钢常用油冷却。

(二)碳钢热处理后的组织

1. 珠光体型组织

珠光体型组织是过冷奥氏体在高温区(Ar_1至C曲线鼻尖)转变的产物。随着奥氏体在冷却时过冷度的增加，依次得到珠光体、索氏体、屈氏体。他们都是铁素体与渗碳体的细密机械混合物，但铁素体与渗碳体的片层间距依次减小，组织的强度、硬度递增。

2. 贝氏体型组织

贝氏体型组织是过冷奥氏体在中温区(C曲线鼻尖与马氏体转变点M_s)进行等温淬火转变的产物。贝氏体也是铁素体和渗碳体的机械混合物。

(1)上贝氏体：是在珠光体转变区稍下的温度等温形成的。在光学显微镜下可观察到成束的铁素体向奥氏体晶内伸展，呈羽毛状。

(2)下贝氏体：是在马氏体转变点(M_s)稍上的温度形成的。在光学显微镜下呈灰黑色针状或竹叶状。与上贝氏体相比，下贝氏体不仅具有较高的硬度、强度、耐磨性，且有较高的韧性及塑性。

3. 马氏体组织

马氏体组织是过冷奥氏体在低温区(M_s以下)转变的产物。马氏体是碳在铁素体中的过饱和固溶体。马氏体组织形态主要有两种。

(1)片状马氏体：又称高碳马氏体，主要在高碳钢淬火组织中形成。在光学显微镜下观察呈针状或竹叶状。马氏体针的粗细程度取决于淬火加热温度。例如，T10钢在淬火加热温度较低时(如760℃)由于奥氏体中的碳浓度不均匀，在光学显微镜下分辨不出它的形态，称之为隐针马氏体；淬火温度稍高时(如820℃)可见到短针状马氏体；若淬火温度提高到1000℃，由于奥氏体晶粒粗大，从而获得粗大的马氏体。片状马氏体性能较硬且脆。

(2)板条马氏体：又称低碳马氏体，主要在低碳钢淬火组织中形成。在光学显微镜下观察呈一束束相互平行的细长条状。一个奥氏体晶粒内可有几束不同取向的马氏体群，且束与束之间有较大的位相差。它不仅具有较高的强度与硬度，还具有良好的韧性与塑性。

淬火组织中总会有一定数量的残余奥氏体，并且随着钢中含碳量的增加和淬火温度的提高，残余奥氏体的相对量也会增加。残余奥氏体不易受硝酸酒精的浸蚀，在光学显微镜下呈白亮色，无固定形态，难以与马氏体区分，因此常常需回火后才可分辨出马氏体间的残余奥氏体。

4. 回火组织

钢淬火后一般都需要经回火才能满足性能要求。根据回火温度的高低，回火组织可分为以下几类。

(1)回火马氏体：在150℃～250℃回火时形成的组织为回火马氏体。它是由极细小的弥散的ε-碳化物和α-Fe组成。回火马氏体易于腐蚀，一般呈黑色，且保留原淬火针状马氏体或淬火板条马氏体的形态，在光学显微镜下难以分辨出其中的碳化物相。它具有较高的强度及硬度，且脆性较低。

(2)回火屈氏体：在350℃～450℃回火时形成的组织为回火屈氏体。它是由细片状或细粒状渗碳体和铁素体组成。在光学显微镜下，碳化物颗粒仍不易分辨，但可观察到保持马氏体形态的灰黑色组织，且马氏体形态的边界不十分清晰。它具有较高的屈服强度、弹性极限和韧性。

(3)回火索氏体：在550℃～650℃回火时形成的组织为回火索氏体。它是由粒状渗碳体和铁素体组成。在较高倍数的光学显微镜下可以观察到渗碳体的颗粒，此时马氏体形态已消失，600℃以上回火时，组织中的铁素体为等轴晶粒。工业上称之为调质处理。回火索氏体具有优良的综合性能。

三、实验材料及设备

1. ϕ10mm×10mm 45钢试样、ϕ30mm×10mm 45钢试样、金相图片、金相砂纸、抛光布、研磨膏、4%硝酸酒精、酒精、脱脂棉等。

2. 箱式加热炉、井式加热炉、淬火水槽、淬火油槽、砂轮机、抛光机、布氏硬度计、洛氏硬度计、读数显微镜、金相显微镜、电吹风、滴定瓶、夹子、镊子等。

四、实验内容与步骤

1. 全班分四组，每组领取试样一套，并打上钢号，以免混淆。

2. 将一个ϕ30mm×10mm 45钢试样加热到840℃并保温30s后，取出空冷。

3. 将两个ϕ10mm×10mm 45钢试样加热到840℃并保温10s后，分别进行油淬和水淬。

4. 将三个ϕ10mm×10mm 45钢试样加热到840℃并保温10s后，水淬，再分别进行180℃、420℃、600℃加热保温1h空冷。

将以上试样分别用砂轮机磨平后测出硬度并记录在表20-1中。

表20-1　45钢经不同热处理后的性能及显微组织

材料	热处理工艺	洛氏(HRC)或布氏(HB)硬度				显微组织
		1	2	3	平均	
45	840℃水淬					
	840℃油淬					
	840℃水淬+180℃回					
	840℃水淬+420℃回					
	840℃水淬+600℃回					
45	正火					

5. 按表 20－2 所列金相试样在显微镜下观察金相组织。

表 20－2　45 钢不同热处理下的显微组织特征

序号	材料	处理方式	显微组织
1	45	退 火	珠光体＋铁素体
2	45	正 火	细珠光体＋铁素体
3	45	840℃油淬	马氏体＋屈氏体＋残余奥氏体
4	45	840℃水淬	马氏体＋残余奥氏体
5	45	840℃水淬＋200℃回火	回火马氏体
6	45	840℃水淬＋420℃回火	回火屈氏体
7	45	840℃水淬＋600℃回火	回火索氏体
8	45	1250℃水淬	板条马氏体＋残余奥氏体

注：以上试样均由 4％硝酸酒精浸蚀。

五、实验报告要求

1. 列出实验结果，并说明各种热处理工艺对碳钢的显微组织和性能的影响。

2. 绘出所给试样显微组织示意图，用箭头表明图中的各组织组成物，并注明成分、热处理工艺、显微组织、放大倍数及浸蚀剂。

3. 谈谈实验体会。

六、实验注意事项

1. 试样淬火时，一定要用夹钳夹紧，动作要迅速，并在冷却介质中不断搅动。

2. 测硬度前，必须用砂轮或砂纸将试样表面的氧化皮除去并磨光。每个试样应在不同的部位测定三次硬度，取其平均值。退火、正火试样测 HB 值，其余测 HRC 值。

3. 热处理时应注意：

(1)取放试样时，应切断电路电源。

(2)炉门开关要快，以免炉温下降和损坏炉膛的耐火材料与电阻丝的寿命。

(3)取放试样时，夹钳应擦干，不能沾有水或油；同时，操作者应戴上手套，以免灼伤。

实验二十一　空气纵掠平板时局部换热系数的测定

一、实验目的

1. 了解实验装置的原理，测量系统及测试方法；

2. 通过对实验数据的整理，了解沿平板局部换热系数的变化规律；

3. 分析换热系数变化的原因，以加深对对流换热的认识。

二、实验原理

流体纵掠平板是对流换热中最典型的问题，本实验通过测定空气纵掠平板时的局部换热系数，掌握对流换热的基本概念和规律。

局部换热系数 α 由式(21－1)定义：

$$\alpha=\frac{q}{(t-t_f)} \qquad W/(m^2/\cdot ℃) \tag{21-1}$$

式中　q——物体表面某处的热流密度(W/m^2)；

t——相应点的表面温度(℃)；

t_f——气流的温度(℃)。

本实验装置上所用试件是一平板，纵向插入一风道中，板表面包裹一薄层金属片，利用电流流过金属片对其加热，可以认为金属片表面具有恒定的热流密度。测定流过金属片的电流和其上的电压降即可准确地确定表面的热流密度。表面温度的变化直接反映出表面换热系数的大小。

三、实验材料及设备

图 21－1 为实验段简图，实验段从风道 1 中间插入一可滑动的板 2，中间包一层金属片 3，中间设有热电偶 4 沿纵向轴向不均匀地布置 22 对热电偶，它们通过热电偶接插件 6 与测温电位差计相连，片 3 的两端经电源导板 5 与低压直流电源联结。

图 21－2 为实验装置及测量系统示意图，整流电源 1 提供低压直流大电流，电流通过串联在电路中的标准电阻 5 上的电压降来测量，为简化测量系统。测量平板壁温 t 的热电偶参考温度不用摄氏零度，而用冷空气流的温度 t_f，即其热端 6 设在板内，冷端 7 则放在风道气流中，所以热电偶反映的为温差 $t-t_f$的热电势 $E(t-t_f)$。片两端的电压降亦用电位差计测

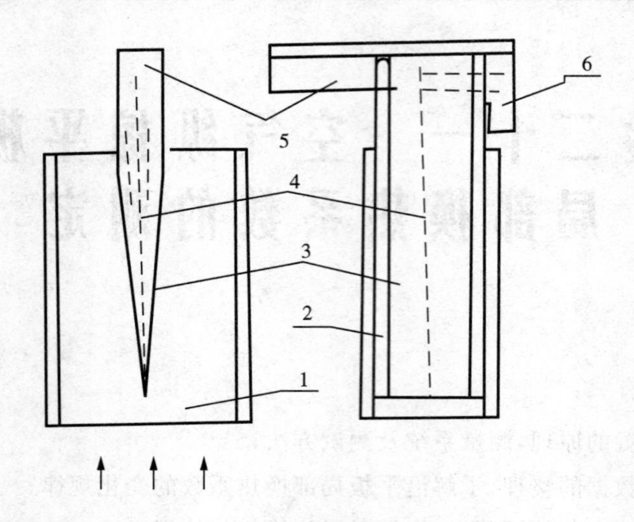

图 21－1　实验段简图

1－风道；2－平板；3－不锈钢片；4－热电偶；5－电源导板；6－热电偶换接件

量。为了能用一台电位差计测量热电偶毫伏值、标准电阻上的电压降及测量片两端的电压降，设有一转换开关再接入电位差计，在测量片两端电压降时，电路中接入一分压箱 8。用毕托管 12 通过倾斜式微压计 11 测量掠过平板的气流动压，以确定空气流速。

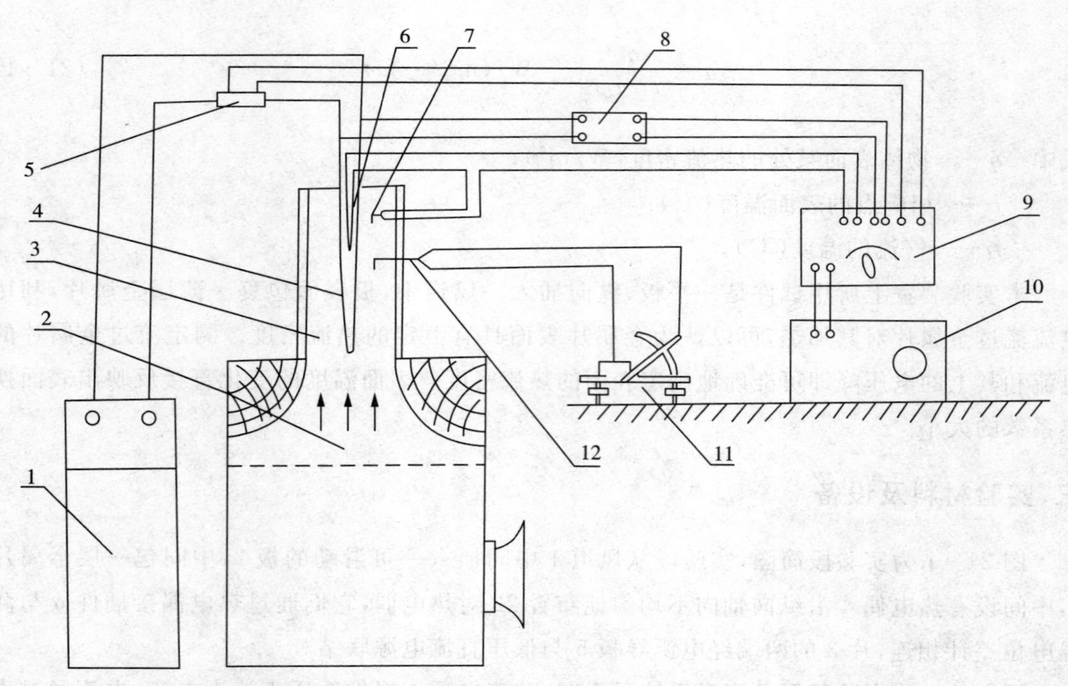

图 21－2　测定空气纵掠平板时局部换热系数的实验装置及测量系统示意图

1. 低压直流电源；2. 风源；3. 实验段风道；4. 平板试件；5. 标准电阻；6. 热电偶热端

7. 热电偶冷端；8. 分压箱；9. 转换开关；10. 电位差计；11. 微压计；12. 毕托管

四、实验内容与步骤

1. 连接并检查所有线路和设备，将整流电源电压调节旋钮转至零位，调整电位差计；然后打开风机，开机前把风门关闭，风机正常运转后，再将风门调到所需开度，并将平板放在适当位置上；再接通整流电源，并逐步提高输出电压（调节手柄旋转至所需位置），对平板缓慢加热，控制片温在80℃以下，可用手抚摸至无法忍受时为止。

2. 待热稳定后开始测量，从板前缘开始按热电偶编号，用电位差计测出其温差电势$E(t-t_f)$。测量过程中，加热电流、电压及气流动压变动较小，可选择几组。

3. 基本参数及有关计算公式：

板长 $L=0.33$m　　板宽 $B=80\times10^{-3}$m

金属片宽 $b=65\times10^{-3}$m　金属片厚 $\delta=1\times10^{-3}$m

金属片总长 $l=2L=0.66$m

热电偶编号	1	2	3	4	5	6	7	8	9	10	11
离板前缘距离 X_{mm}	0	0	2.5	5	7.5	10	15	20	25	32.5	40
热电偶编号	12	13	14	15	16	17	18	19	20	21	22
离板前缘距离 X_{mm}	50	60	75	90	110	130	160	190	220	260	300

（1）金属片壁温 t

所用测温热电偶为一康铜，以室温作为参考温度时，热端温度在50℃～80℃范围内变化，冷端、热端每1度温差的热电势输出可近似为0.043mV/℃，因此测得反映温差$(t-t_f)$的热电势$E(t-t_f)$mV，即可求出$(t-t_f)=E(t-t_f)/0.043$℃。

（2）流过金属片的电流 I

标准电阻为150A/75mV，所以测得标准电阻上每1mV电压降等于2A电流流过，即

$$I=2\times V_1(\mathrm{A}) \tag{21-2}$$

式中　V_1——标准电阻两端的电压降，mV。

（3）金属片两端的电压降 V

$$V=T\times V_2\times10^{-3}(\mathrm{V}) \tag{21-3}$$

式中　$T=201$——分压箱倍率；

V_2——经分压箱后测得的电压降 mV。

（4）空气流过平板的速度 u

由毕托管测得气流动压头 Δh，mmH_2O，可按式(21-4)计算：

$$u=\sqrt{\frac{2\times 9.81}{\rho}\Delta h} \quad (m/s) \tag{21-4}$$

式中 ρ——空气密度,kg/m^3。

(5)局部对流换热系数 α_x

在下列假设下:①电热功率均匀分布在整个片表面;②不计片向外界辐射散热的影响;③忽略片纵向导热的影响,局部对流换热系数 α_x 可按式(21-5)计算:

$$\alpha_x=\frac{VI}{1b(t-t_f)} \quad (W/(m^2 \cdot ℃)) \tag{21-5}$$

(6)局部努谢特数 N_{ux} 与雷诺数 R_{ex}

$$N_{ux}=\frac{\alpha_x X}{\lambda}, R_{ex}=\frac{ux}{\gamma} \tag{21-6}$$

式中 X——离平板前缘的距离,m;

λ——空气的导热系数,W/(m · ℃);

γ——空气的运动黏性系数,m^2/s。

用来流与壁温的平均值作为定性温度,即$\frac{t+t_f}{2}$; $t=\frac{t_{max}+t_{min}}{2}$

式中 t_{max}——为平板上壁温的最大值;

t_{min}——平板上壁温的最小值。

五、实验报告要求

1. 预习实验指导书,编制数据记录与计算用的表格。

2. 绘制 α_x-X 的关系曲线或在双对数纸上绘制 $N_{ux}-R_{ex}$ 关系曲线。

3. 分析沿平板对流换热的变化规律,并将实验结果与有关参考书上给出的准则方程进行比较。

六、实验注意事项

1. 箱式风源:禁止人员实验时在风口处走动。

2. 硅整流电源:启动电源之前先将电源调节手柄旋至零位,使之进入准备状态。

3. 接线:电源、测量系统上都标有正、负标记,注意不要接错(红为正;黑为负)。

4. 转换开关:转换开关上共有 5 挡:①档(标记 V)为测量工作电压之用;②档(标记 A)为测量工作电流之用;③档、④档、⑤档(标记 mV)为测量温差电势之用。

5. 毕托管:毕托管安装时注意其垂直度,尾部长管测全压,短管测静压。

6. 平板实验件:

① 工作电源:平板试件最大允许工作电流为 $I_{max}\leqslant 29$(A)。

② 冷端:冷端接线如图 21-3 所示。

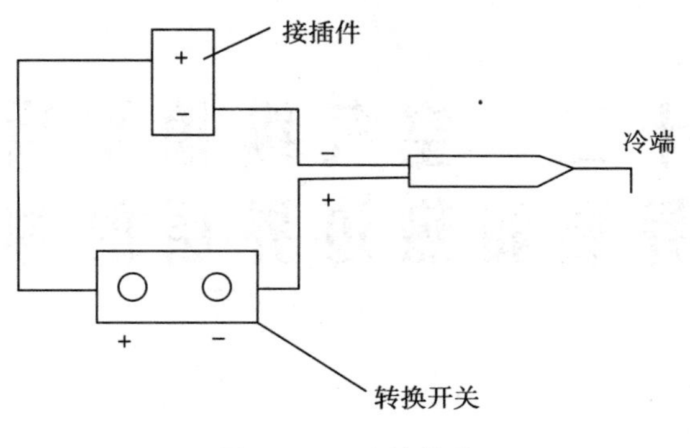

图 21 - 3　冷端接线

7. 启动顺序:启动和停止工作时必须注意操作顺序,按实验步骤进行。实验结束时,将硅整流电源调节手柄恢复到零位,先关掉硅整流电源,再将风机门开到最大位置,等加热件冷却下来后再把风机关掉。

实验二十二 空气纵掠平板时流动边界层和热边界层的测定

一、实验目的

1. 了解空气纵掠平板时流动边界层的测定；
2. 了解空气纵掠平板时热边界层的测定。

二、实验说明

在测量平板局部换热系数后，仍保持平板相同的热状态不变，可以利用边界层速度分布、温度分布测量机构（如图 22-1），同时用全压探头测量边界层内全压的变化，以及用测温探头测量边界层内温度的变化。测温探头 3 和测压探头 5 一同固定在位移机构 6 上，由于边界层的厚度很小，用千分表来精确测量两探头的位移。探头接触平板壁的初始位置由一电回路上的指示灯来确定，位移机构上固定探头处有一微调件，可以调节探头的伸出距离，使两探头处于对平板壁面有同样的相对位置。边界层速度分布、温度分布测量机构是装压在实验风道出口处，所测边界层截面位置紧靠空气流射流出口，因此全压管所反映的即为气流的动压。测温热电偶的参考点温度采用气流温度 t_f，4 为其冷端，伸在气流中。

三、实验材料及设备

微压计、电位差计等。

四、实验内容与步骤

测量从探头触及板表面处开始，每移 0.2mm 或 0.25mm 测量一次，通过微压计读出全压探头测得的空气动压 Δh，通过电位差计读出测温探头测得的电势差 $E(t-t_f)$，同时由千分表读出位移值，直至 Δh 不再升高，维持不变，以及电势差 $E(t-t_f)$ 趋近零为止。

为了保证全压探头和测温探头对壁面的起始位置，在探头伸向壁面时注意两指示灯，并作微调，使两探头同时正好触及壁面，此时两指示灯同时亮或同时暗，然后再将千分表转至零位，才开始测量。

表 22-1 和表 22-2 为测试边界层内速度分布和温度分布的原始数据计算及实验条件记录。

五、实验报告要求

1. 预习实验内容，编制数据记录与计算用的表格。

2. 绘制边界层内速度分布 $y/\delta - V/V_{\infty}$ 关系曲线及热边界层内 y/δ_t-$(t-t_w)/(t_f-t_w)$ 温度分布曲线。

3. 所测出的流动边界层厚度 δ、热边界层厚度 δ_t 与关系式 $\delta/\delta_t = P_t^{1/3}$ 是否基本相符。

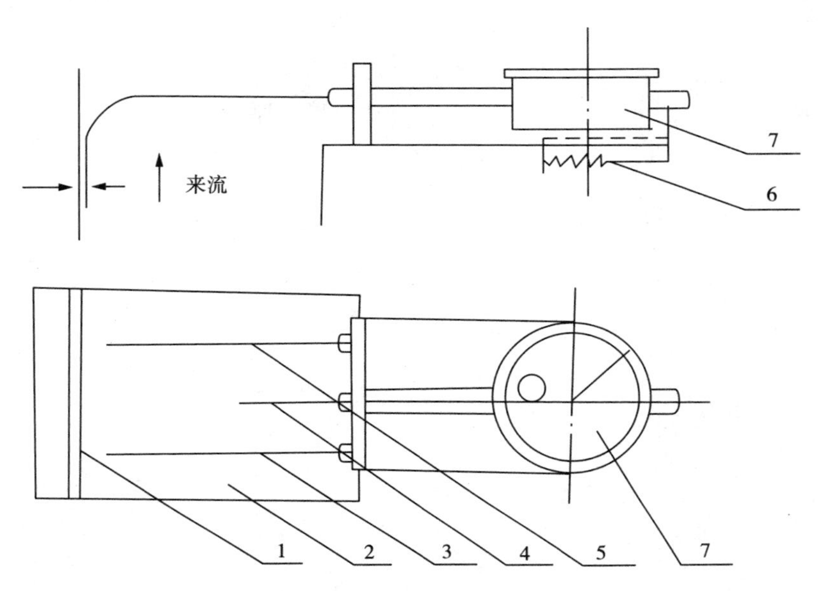

图 22-1　边界层速度分布、温度分布测量机构

1—平板试件；2—风道；3—测温热偶探头；4—热偶冷端；5—全压探头；6—位移机构；7—千分表

表 22-1　空气纵掠平板时热边界层内温度分布

序号	千分表读数 (mm)	离壁面距离 y (mm)	热电势 $E(t-t_f)$	$\frac{t-t_f}{t_w-t_f}$	$\frac{t-t_w}{t_f-t_w}$	$\frac{y}{\delta_t}$
1						
2						
3						
4						
5						

表 22-2　空气纵掠平板时流动边界层内速度分布

序号	千分表读数 (mm)	离壁面距离 (mm)	微压计读数 Δh (mm 水柱)	速度 v (m/s)	v/v_{∞}	y/δ	
1							
2							
3							
4							
5							

实验日期：

空气流速 V_∞＝________

空气温度 t_f＝________

距离 X＝________

壁温 t_w＝________

雷诺数 R_{ex}＝________

实验条件：

电压 V＝________

电流 I＝________

来流动压 Δh＝________

热边界层厚 δ_t＝________

流动边界层厚 δ＝________

实验二十三　耐火材料的性能测定

一、实验目的

1. 掌握有关耐火材料的设计方法；
2. 掌握有关耐火材料基本性能的测定方法和测量步骤。

二、实验说明

耐火材料是冶金、化工、建材等生产设备中非常重要的辅助材料之一，耐火材料的质量和性能特征直接影响到耐火材料用户的产品质量、生产成本和经济效益，因此，较为精确地测定耐火材料的品质特性和正确地评价耐火材料性能，对于准确地选择耐火材料的材质、研究和开发优质的耐火材料产品、充分把握耐火材料的性能、对确保耐火材料使用过程中的安全性和有效性具有非常重要的意义。

耐火材料的评价具体项目包括：耐火材料的化学性能、热性能、物理性能、机械性能以及耐火材料的微观组织结构等。耐火材料的综合性能即耐火材料的品质特性和性能特征，主要是由上述基本性能决定的，因此，正确的评价耐火材料的各基本性能是评价耐火材料品质特性和性能特性优劣的基础和前提，而对耐火材料各基本性能的评价主要是通过测定和分析与其相关的项目来实现的，具体包括以下内容。

1. 化学性能：即化学组成、矿相组成、抗水化性、抗氧化性、抗侵蚀性、高温下的耐真空性。
2. 热性能：即耐火度、热传导、比热容、热膨胀率、抗热冲击性。
3. 物理性能：即密度、气孔率、气孔径分布、导电性。
4. 机械性能：即抗压强度、抗折强度、荷重软化温度、耐磨损性、弹性率(杨氏模量)。

所谓耐火材料的品质评价，主要是指基于耐火材料的基础物性对它们的品质特性所进行的评价。主要包括：化学组成、矿相组成、耐火度、热传导、比热容、密度、气孔率、导电性、抗压强度、抗折强度以及荷重软化温度等。这些基础物性的测定方法大多数已经标准化，通过标准的测定方法可对耐火材料在实际使用过程中的某些行为特性和性能特性进行测定、分析和评价。

三、实验材料及设备

1. 耐火材料。
2. 耐火材料成型设备(小型搅拌机、振动台、模具)。

3. 箱式电炉、恒温干燥箱、万能压力机、抗爆裂实验炉、热震性能实验炉。
4. 导热系数测定仪、耐磨实验机、电子天平、矿相显微镜等。

四、实验内容与步骤

1. 查阅资料(耐火材料设计、常规性能测定方法)。
2. 耐火材料设计及实验方案制定。
3. 熟悉实验所需设备(设备的特性及使用方法、操作规程)。
4. 按实验方案进行实验。
5. 实验结果分析。
6. 撰写实验报告。

附录Ⅰ　常用浸蚀剂

一、金相试样常用化学浸蚀剂

序号	名　称	成　分	使用说明	适 用 范 围
1	硝酸酒精溶液	硝酸　1～5mL 酒精　100mL	室温	显示低碳钢、中碳钢，高碳钢、中碳合金钢和铸铁等供应状态及淬火后组织
2	苦味酸酒精溶液	苦味酸　4g 酒精　100mL	室温	碳钢及低合金钢 ①清晰显示珠光体、马氏体、回火马氏体、贝氏体 ②显示淬火钢的碳化物 ③识别珠光体与贝氏体 ④显示三次渗碳体
3	盐酸苦味酸酒精	盐酸　5mL 苦味酸　1g 酒精　100mL	室温	①显示淬火回火后的原奥氏体晶粒 ②显示回火马氏体组织
4	盐酸酒精溶液	盐酸　15mL 酒精　100mL	室温	氧化法晶粒度
5	硝酸酒精溶液	硝酸　5～10mL 酒精　95～90mL	室温	显示高速钢组织
6	氯化铁盐酸水溶液	三氯化铁　5g 盐酸　50mL 水　100mL	室温	显示奥氏体不锈钢组织
7	碱性苦味酸钠水溶液	苦味酸　2g 氢氧化钠　25g 水　100mL	煮沸 15min	渗碳体被染成黑色，铁素体不染色
8	盐酸硝酸酒精溶液	盐酸　10mL 硝酸　3mL 酒精　100mL	室温下 2～10min	显示高速钢组织

（续表）

序号	名　称	成　分	使用说明	适 用 范 围
9	氯化铁酒精水溶液	三氯化铁　50g 酒精　150mL 水　100mL	室温数秒	显示钢淬火后的奥氏体晶界
10	苦味酸水溶液	苦味酸　100g 水　150mL 适量洗净剂	室温	显示碳钢、合金钢的原奥氏体晶界
11	硫酸水溶液	硫酸　10mL 水　90mL 高锰酸钾　1g	煮沸浸蚀5～6min	低碳、中碳合金钢的原奥氏体晶界
12	硫酸铜盐酸水溶液	硫酸铜　4g 盐酸　30mL 水　20mL	室温	显示不锈钢组织及氮化层
13	氢氟酸水溶液	氢氟酸　0.5mL 水　100mL	室温	显示铝合金组织
14	混合酸	氢氟酸　7.5mL 盐酸　25mL 硝酸　8mL 水　1000mL	室温	显示纯铝晶界
15	氢氧化铵与过氧化氢混合液	氢氧化铵　5份 过氧化氢　5份 水　5份 苛性钾　20% 水溶液　1份	新鲜溶液，采用擦抹法	显示铜及铜合金组织（黄铜中α相变黑）
16	氯化铁盐酸水溶液	三氯化铁　5份 盐酸　10份 水　100份	采用擦抹法	显示铜及铜合金组织（黄铜中β相变黑）
17	硝酸醋酸溶液	硝酸　4mL 醋酸　3mL 水　16mL 甘油　3mL	热蚀（40℃～42℃）4～30s，用新鲜试剂	显示铅及铅合金组织
18	氢氧化钠饱和水溶液	氢氧化钠饱和水溶液	室温	显示铅基、锡基合金组织
19	硝酸盐酸水溶液	硝酸　10mL 盐酸　25mL 水　200mL	室温	显示铅及铅锡合金组织

二、硅酸盐水泥熟料的常用浸蚀剂及浸蚀条件

序号	浸蚀剂名称	浸蚀条件	显形的矿物特征
1	无	不浸蚀直接观察	①方镁石：突起较高，周围有一黑边，呈浅粉红色 ②金属铁：反射率强，亮白色
2	蒸馏水	20℃，8s	游离氧化钙：呈彩色 黑色中间相：呈蓝、棕、灰色
3	1%氯化铵水溶液	20℃，3～5s	①A矿：呈蓝色，少数呈深棕色 ②B矿：呈浅棕色 ③游离氧化钙：呈彩色麻面 ④黑色中间相：呈灰黑色 ⑤白色中间相：不受浸蚀
4	1%硝酸酒精溶液	20℃，3s	①A矿：呈深棕色 ②B矿：呈黄褐色 ③游离氧化钙：受轻微浸蚀 ④黑色中间相：呈深灰色 ⑤白色中间相：不受浸蚀
5	10%氢氧化钾水溶液	30℃，15s	①黑色中间相(包括高铁玻璃相)：呈棕色、蓝色 ②白色中间相：不受浸蚀
6	10%硫酸镁水溶液	20℃，10s，浸蚀后用蒸馏水和酒精各洗5次	①A矿：呈天蓝色 ②B矿及其他矿物不受浸蚀

三、硅酸盐水泥熟料的特殊浸蚀剂及浸蚀条件

序号	浸蚀剂名称	浸蚀条件	显形的矿物特征
1	40%HF蒸气熏	把试样置于HF瓶口上薰10～30s，然后用电吹风机吹30min，以免镜头浸蚀	①B矿：呈鲜艳的蓝色 ②A矿：为稻黄色 ③游离氧化钙：不受浸蚀 该试剂能很好地将A矿中的B矿包裹物和分解出来的二次B矿现出来
2	1%硼砂酒精溶液	20℃，10s	①A矿呈黄色 ②游离氧化钙呈彩色
3	10mL当量浓度的草酸加90mL95%的酒精	20℃，5～15s	黑色中间相：呈红褐色，其他矿物不受浸蚀

（续表）

序号	浸蚀剂名称	浸蚀条件	显形的矿物特征
4	1份10%的磷酸氢二钠和4份10%的氢氧化钠混合溶液	50℃～55℃，60s	虽然A矿、游离氧化钙和黑色中间相也受一定程度的浸蚀，但最敏感的是白色中间相和高铁玻璃相，它们被浸蚀成蓝色或棕色
5	多硫化铵$(NH_4)_2SH_x$ 1∶10水溶液	20℃，10～30s	A矿、游离氧化钙、铁相均染色，而B矿染色较弱
6	1∶3水酒精溶液浸蚀10s，再在0.25%硝酸酒精溶液中浸蚀5s		低铁玻璃相受浸蚀
7	把19.20g柠檬酸溶于1L水中，一边冷却，一边慢慢地加入891mL的33%二甲酸铵溶液，最后用水稀释至3L	20℃，5～15s	A矿、B矿均显结构但不染色，黑色中间相济游离氧化钙染色
8	1∶100冰醋酸和乙醇溶液	20℃，2～5s	A矿及游离氧化钙均受浸蚀，显形明显；B矿轻微浸蚀，显形不明显

四、陶瓷制品的腐蚀方法及试剂

序号	类别	腐蚀方式	腐蚀试剂	腐蚀条件
1	SiC	化学腐蚀	30g NaF 60g K_2CO_3	650℃，10～60min
2	SiC	电解腐蚀	40g KOH 1600mL H_2O	6V，20s（以不锈钢板为阴极）
3	TaC	化学腐蚀	10mL HF 50mL乳酸 50mLHNO_3	重复浸泡腐蚀
4	CaF_2	化学腐蚀	H_2SO_4	35℃，1min
5	CaF_2	化学腐蚀	H_3PO_4	140℃，1min
6	Al_2O_3	化学腐蚀	H_3PO_4	425℃或180℃～250℃在化学通风橱中使用
7	Al_2O_3	化学腐蚀	H_3PO_4	330℃，5s～1min，在化学通风橱中使用（用于密度在90%～99%的材料）
8	Al_2O_3	化学腐蚀	2mL HF 98mL H_2O	20℃（用于密度在85%～90%的材料）

（续表）

序号	类别	腐蚀方式	腐蚀试剂	腐蚀条件
9	BaO	化学腐蚀	HF	20℃，6～60s
10	BeO	化学腐蚀	HF	20℃，10s～5min
11	CaO	化学腐蚀	96mL 甲醇 4g 苦味酸	利用煤油作抛光的滑润剂
12	Cr_2O_3	化学腐蚀	$KHSO_4$	3～15s
13	MgO	化学腐蚀	50mL HNO_3 50mL H_2O	20℃，1～5min
14	SiO_2	化学腐蚀	HF	S
15	TiO_2	化学腐蚀	KOH	650℃，8min
16	ZrO	化学腐蚀	HF	20℃，1～5s
17	Fe_3O_4	化学腐蚀	5g B_2O_3 50g PbO	650℃，10min
18	$MgFeO_2$	化学腐蚀	50mL HCl 50mL H_2O	85℃～90℃，4～15min
19	莫来石 $3Al_2O_3 \cdot 2SiO_2$	化学腐蚀	1mL HF 1.5mL HCl 2.5mL HNO_3 95mL H_2O	
20	尖晶石 $MgAl_2O_4$	化学腐蚀	H_2SO_4	200℃

附录Ⅱ　压痕直径与布氏硬度对照表

压痕直径	在下列载荷 P(kgf)下布氏硬度(HB)			压痕直径	在下列载荷 P(kgf)下布氏硬度(HB)		
d_{10}(mm)	$30D^2$	$10D^2$	$2.5D^2$	d_{10}(mm)	$30D^2$	$10D^2$	$2.5D^2$
2.50	601	200	—	4.25	201	67.1	16.8
2.55	578	193	—	4.30	197	65.5	16.4
2.60	555	185	—	4.35	192	63.9	16.0
2.65	534	178	—	4.40	187	62.4	15.6
2.70	514	171	—	4.45	183	60.9	15.3
2.75	495	165	—	4.50	179	59.5	14.9
2.80	477	159	—	4.55	174	58.1	14.5
2.85	461	154	—	4.60	170	56.8	14.2
2.90	444	148	—	4.65	167	55.5	13.9
2.95	429	143	—	4.70	163	54.3	12.6
3.00	415	138	34.6	4.75	159	53.0	13.3
3.05	410	133	33.4	4.80	156	51.9	13.0
3.10	388	129	32.3	4.85	152	50.7	12.7
3.15	375	125	31.3	4.90	149	49.6	12.4
3.20	363	121	3.03	4.95	146	48.5	12.2
3.25	352	118	29.3	5.00	143	47.5	11.9
3.30	341	114	28.4	5.05	140	46.5	11.6
3.95	331	110	27.5	5.10	137	45.5	11.4
3.40	321	107	26.7	5.15	134	44.6	11.2
3.45	311	104	25.9	5.20	131	43.7	10.9
3.50	302	101	25.2	5.25	128	42.8	10.7

（续表）

压痕直径 d_{10}(mm)	在下列载荷 P(kgf)下布氏硬度(HB)			压痕直径 d_{10}(mm)	在下列载荷 P(kgf)下布氏硬度(HB)		
	$30D^2$	$10D^2$	$2.5D^2$		$30D^2$	$10D^2$	$2.5D^2$
3.55	293	98	24.5	5.30	126	41.9	10.5
3.60	285	95	23.7	5.35	123	41.0	10.3
3.65	277	9.23	23.1	5.40	121	40.2	10.1
3.70	269	89.7	22.4	5.45	118	39.4	9.86
3.75	262	87.2	21.8	5.50	116	38.6	9.66
3.80	255	84.9	21.2	5.55	114	37.9	9.46
3.85	248	82.6	20.7	5.60	111	37.1	9.27
3.90	241	80.4	20.1	5.65	109	36.4	9.10
3.95	235	78.3	19.6	5.70	107	35.6	8.90
4.00	229	76.3	19.1	5.75	105	35.0	8.76
4.05	223	74.3	18.6	5.80	103	34.3	8.59
4.10	217	72.4	18.1	5.85	101	33.7	8.24
4.15	212	70.6	17.6	5.90	99	33.1	8.26
4.20	207	68.8	17.1				

注：1. 本表摘自国家标准金属布氏硬度试验法(GB231—1963)中规定的数据。

2. 表中压痕直径为 D=10mm 钢球的试验数据。如用 D=5mm 或 D=2.5mm 钢球试验时，则所得压痕直径应分别增至 2 倍或 4 倍。例如用 D=5mm 钢球在 750kgf 载荷下所得的压痕直径为 1.65mm，则查表时采用 1.05×2=3.30mm。而其相应硬度值为 341。

附录Ⅲ　各种硬度（布氏、洛氏、维氏）换算表

布氏硬度	洛氏硬度		维氏硬度	布氏硬度	洛氏硬度		维氏硬度
$HB_{10/3000}$	HRA	HRC	HV	$HB_{10/3000}$	HRA	HRO	HV
—	83.9	65	856	341	(69.0)	37	347
—	83.3	64	825	332	(68.5)	36	338
—	82.8	63	795	323	(68.0)	35	320
—	82.2	62	766	314	(67.5)	34	320
—	81.7	61	739	306	(67.0)	33	312
—	81.2	60	713	298	(66.4)	32	304
—	80.6	59	688	291	(65.9)	31	296
—	80.1	58	664	283	(65.4)	30	289
—	79.5	57	642	275	(64.9)	29	281
—	79.0	56	620	269	(64.4)	28	274
—	78.5	55	599	263	(63.8)	27	268
—	77.9	54	579	257	(63.3)	26	261
—	77.4	53	561	251	(62.8)	25	255
—	76.9	52	543	245	(62.3)	24	240
501	76.3	51	525	240	(61.7)	23	243
466	75.8	50	509	234	(61.2)	22	237
474	75.3	49	493	229	(60.7)	21	231
461	74.7	48	478	225	(60.2)	20	226
449	74.2	47	463	220	(59.7)	(19)	221
436	73.7	46	449	216	(59.1)	(18)	216

(续表)

布氏硬度	洛氏硬度		维氏硬度	布氏硬度	洛氏硬度		维氏硬度
$HB_{10/3000}$	HRA	HRC	HV	$HB_{10/3000}$	HRA	HRO	HV
424	73.2	45	436	211	(58.6)	(17)	211
413	72.6	44	423	208	(58.1)	(16)	—
401	72.1	43	411	204	(57.6)	(15)	—
391	71.6	42	399	200	(57.1)	(14)	—
380	71.1	41	388	196	(56.5)	(13)	—
370	70.5	40	377	192	(56.0)	(12)	—
360	70.0	39	367	188	(55.5)	(11)	—
350	(69.5)	38	357	185	(55.0)	(10)	—

注:1. 本表摘自国家标准 GB1172—1974 中所列的数据。

2. 表中常有知中“( )”的硬度值仅供参考。

参 考 文 献

1. 周永强．无机非金属材料专业实验．哈尔滨:哈尔滨工业大学出版社,2002
2. 王瑞生．无机非金属材料实验教程．北京:冶金工业出版社,2004
3. 伍洪标．无机非金属材料实验．北京:化学工业出版社,2002
4. 曲远方．无机非金属材料专业实验．天津:天津大学出版社,2003
5. 葛山．无机非金属材料实验教程．北京:冶金工业出版社,2008
6. 王德滋．光性矿物学．上海:上海人民出版社,1974
7. 任允芙．钢铁冶金岩相矿物学．北京:冶金工业出版社,1981
8. 南京大学地质系盐矿教研室．结晶学与矿物学．北京:地质出版社,1978
9. 刘国勋．金属学原理．北京:冶金工业出版社,1980
10. 李松瑞．金属热处理．长沙:中南大学出版社,2003
11. 吴晶,纪嘉明,丁红燕．金属材料实验指导．镇江:江苏大学出版社,2008
12. 上海机械制造工艺研究所．金相分析技术．上海:上海科学技术文献出版社,1993
13. 李炯辉．钢铁材料金相图谱．上海:上海科学技术文献出版社,1981
14. 杨世铭．传热学．北京:高等教育出版社,1980
15. 徐维忠．耐火材料．北京:冶金工业出版社,1992